Eduardo Vergara

TRASCENDER

LOS TRES ELEMENTOS

DECODIFICANDO EL UNIVERSO

STRATTON
—PRESS—
Publishing Life

Stratton Press Publishing
831 N Tatnall Street Suite M #188,
Wilmington, DE 19801
www.stratton-press.com
1-888-323-7009

ISBN (Paperback): 978-1-64895-113-8
ISBN (Ebook): 978-1-64895-114-5

Printed in the United States of America

CONTENTS

Para poder existir son imprescindibles los 3 elementos

Composicion del Universo
¿Cómo funciona?

$$U= 3E_3$$

Universo = 3 Elementos
Uno= (M+E+T)3

Somos la Naturaleza -   M= (S, L, G) / (1) Uno= Tres (3)
Materia = (Solido, Liquido, Gaseoso)

Somos el Universo -   E= (A, A, P) / (1) Uno= Tres (3)
Espacio = (Solido, Liquido, Gaseoso)

Somos Energía Divina -   T= (P, P, F) / (1) Uno= Tres (3)
Tiempo = (Pasado, Presente, Futuro)

El pasado; es un suceso anterior, lo que ya viviste y experimentaste al que tienes acceso por medio de la **memoria**. **El Presente**, es un pensamiento, una acción o suceso que pasa en el momento actual. Esto es el **Ahora**. **El Futuro**, es un suceso en el tiempo—que no ha ocurrido, que no existe aún y no ha pasado; es un acontecimiento que está en el **por-venir**. Es la vida que nos falta por vivir.

------La Materia no se crea, ni se destruye, solo se Transforma--------
El átomo es Uno (1) y se compone de 3 elementos:
Protón, Neutrón y Electrón--

-- $E=MC2$ – Esta energía es calculada como la masa de un cuerpo (la materia) por la velocidad de la luz al cuadrado.--

En el **principio** era la **luz**. Si descubres el
principio también descubrirás el fin.
Pues donde está el origen allí también está el final"

PREFACIO

¿Cuál es el fundamento de la vida y cómo podemos interconectar todo lo existente en el cosmos universal?

¿Cómo conocer el secreto de los tres elementos que sustentan, preservan y restauran la vida?

¿Cómo es que estos tres elementos se manifiestan en todas las escalas, niveles y dimensiones?

¿Cómo transformar nuestros pensamientos intangibles en una realidad material?

Es decir de lo intangible a lo tangible.

¿Cómo encontrar salud a través del sonido, los tonos y las frecuencias que son tan poderosas que tienen el poder divino de la sanidad?

¿Cómo podemos alinear la mente, el corazón y el espíritu para ascender a nuevas dimensiones regidas por vibraciones, frecuencias y energía aún desconocidas en el universo?

Hay tres condiciones que son imprescindibles para poder existir en el universo: *la materia, el espacio y el tiempo*

¿Cuál es la correlación y alineamiento de los tres elementos en todas sus escalas, niveles y dimensiones?

¿Cómo aprender a servir a mi consciencia y encontrar la verdadera libertad?

¿Cuál es el vínculo de la atracción, el magnetismo y el alineamiento de la energía?

¿En qué consiste el gran poder de la palabra, la vibración y la energía en todos sus niveles?

¿Cuál es el secreto y el vínculo entre el tiempo, los sueños y la eternidad?

Observemos los tres estados de la manifestación de *la materia*: *sólido, líquido y gaseoso.*

¿Cómo es posible conectar los tres estados de la materia? ¿Cuál es su vínculo con la manifestación de la vida?

¿Cuál es el secreto y la conexión entre el tiempo, los sueños y la eternidad?

¿Cómo podemos cuantificar y medir la Realidad?

A estos tres elementos les fue concedido el gran poder de mantener, preservar y restaurar la vida en este planeta y en el universo. El aire, el agua y el alimento sólido son el soporte de la vida en todas sus manifestaciones. Allí están escondidos los secretos de la existencia de nuestro planeta y la vida en todos los niveles en el universo.

El aire o sea la atmósfera es el elemento básico y posee también tres elementos que la componen: *nitrógeno, oxígeno y argón.*

El *elemento más* esen*cial para la* sub*sistencia* del ser humano después del aire es el agua. El agua es el nutriente más importante para el sostenimiento de la vida.

El 70 % / 77% de nuestro cuerpo está compuesto de agua.

El agua conocida científicamente como H_2O tiene tres elementos: dos átomos de hidrógeno y uno de oxígeno.

El planeta tierra, nuestra madre naturaleza está compuesta básicamente por 87% de agua y 13% de tierra . Nuestro cuerpo está compuesto aproximadamente entre un 70% a un 77 % por agua.

Sin embargo vivimos en la época en que incluso a nuestra agua se ha vuelto peligrosa para la salud. Hay tantos productos químicos en todas las bebidas y aun nuestra agua potable esta desbalanceada. Aun no somos conscientes del daño que nos produce y es un ingrediente muy importante en toda enfermedad moderna.

La sociedad hoy en día está tan llena de mercantilismo que no importa qué decimos con tal de vender algún producto. No solo estoy hablando de las cosas que consumimos físicamente sino también de toda la basura que afecta la mente y el espíritu que actualmente están trayendo tanta enfermedad y muerte al ser humano.

El suelo que pisamos está compuesto por tres elementos en **la tierra**: arena, arcilla y limo.

La arcilla, los minerales y el aire se clasifican como elementos **inorgánicos.**

Los elementos **orgánicos** son los restos de plantas y animales. Son sustancias químicas que contienen carbono formando enlaces covalentes carbono-carbono y/o carbono-hidrógeno. Los compuestos orgánicos en muchos casos contienen oxígeno y también nitrógeno, azufre, fósforo, boro, halógenos y otros elementos. Estos compuestos se denominan moléculas orgánicas. Uno de los componentes orgánicos de los suelos es el humus y es el producto final de la descomposición de los restos de plantas y animales junto con algunos minerales. Tiene un color que va de amarillento a negro, confiere un alto grado de fertilidad a los suelos y está compuesto de tres fases: fase sólida, fase líquida y fase gaseosa.

La fase sólida comprende principalmente los minerales formados por compuestos relacionado con la litósfera que contiene arena, arcilla y limo o cal.

La fase líquida comprende el agua de la hidrósfera que se filtra por entre las partículas del suelo.

La fase gaseosa tiene una composición similar a la del aire que respiramos aunque con mayor proporción de dióxido de carbono (CO_2). Además presenta un contenido muy alto de vapor de agua. Cuando el suelo es muy húmedo los espacios de aire disminuyen al llenarse de agua.

La destrucción del planeta hoy en día ha sido causada por la abrupta violación de todas las leyes del universo por parte del propio ser humano, sus instituciones y formas de gobernarse. Unos cuantos han empobrecido rápida e implacable a las mayorías por medio de la especulación, la sobreproducción, la mentira, el engaño y la avaricia.

La mayor desilusión del mundo moderno es la forma en que las grandes droguerías controlan la profesión médica con respecto al enfoque de los síntomas. Las drogas no funcionan sanando las enfermedades pues el enfoque sintomatológico no busca la causa básica.

Se esconden y enmascaran los síntomas de las enfermedades con tranquilizantes y pastillas y las prescripciones médicas se han vuelto así en la causa número uno de la drogadicción en el mundo.

La comunidad médica que se ocupa de la inmunología destaca que en el futuro inmediato la causa más frecuente del cáncer será su mismo tratamiento. La utilización de drogas tan poderosas provoca literalmente una guerra nuclear dentro de nuestro cuerpo que destruye el sistema inmunológico. Esto nos hace más susceptibles a otros tipos de infecciones y al desarrollo de otros tipos de cánceres.

En la actualidad, en todos los órdenes de la existencia se está destruyendo el ecosistema, a la madre naturaleza y a la inmunología humana como consecuencia de la gran contaminación de los tres elementos vitales para la vida: el agua, el aire y la tierra.

El descubrimiento de la interconexión de los elementos vitales para la vida ayudan a enfrentar los nuevos desafíos con más amplitud al comprender que la salud es integral.

El tener una actitud mental positiva es vital para descubrir respuestas a cada problema y así obtener una visión del futuro más amplia.

El espacio universal es inmenso e infinito._

En la medición de cualquier espacio físico de cualquier objeto siempre intervienen tres elementos: el ancho, la altura y la profundidad. O sea que el espacio es tridimensional.

Existimos en un mundo de tres dimensiones, siendo el tiempo la cuarta dimensión.

¿Pero qué son las dimensiones? ¿Qué significa entrar a una nueva dimensión?

Podríamos decir que las dimensiones son los diversos estados, escalas y niveles de la existencia del ser humano. Podemos expandir nuestra conciencia de un plano unidimensional y que sea bidimensional.

Luego nuestra realidad se expande nuevamente y lo que experimentamos y percibimos en blanco y negro puede transformarse en tridimensional y a todo color.

Como bien se sabe existen tres colores primarios que son el fundamento para la gran gama de colorido en todos sus matices y tonalidades dibujadas en el espacio universal: azul, rojo y amarillo.

En nuestro caminar en esta vida hay un punto de partida, también un objetivo y destino final. Nuestro puente y conexión con el universo, la naturaleza y los seres humanos es el mundo de lo que **es**. El mundo de lo tangible y también de lo intangible. En nuestros propósitos y objetivos de vida todos queremos llegar al éxito, a la cima, a la auto realización, a la iluminación, a la felicidad y al encuentro con el amor, la paz y la libertad de forma permanente.

¿Cómo interviene el tiempo en todo esto?

El tiempo es el tesoro más valioso que tenemos en nuestra vida porque es limitado. Jamás hay que lamentar el pasado y tampoco preocuparse del futuro porque se destruye el presente. En este lapso de vida todos los seres vivos están sometidos a los tres elementos o facetas del tiempo: el pasado, el presente y el futuro.

La rapidez no es lo mismo que la premura. Ahora se confunde muy fácilmente el trabajo con producir polvo o humo que desaparece muy rápidamente a cambio de estar permanentemente corriendo y siempre estresados. La actitud de atención y enfoque es el aspecto clave que vincula el tiempo con el logro de metas y objetivos.

Por esta razón es provechoso el manejo del tiempo investigando y profundizando con nuestra propia conciencia. Pues el ritmo crea el tiempo adecuado y el momento oportuno para descubrir que lo que antes eran límites trazados por el temor ahora son nuevas dimensiones conquistadas con determinación y valentía.

El poder que existe en el universo descrito en los cielos habla de un ser humano transformado por medio de los tres elementos que permanecen para siempre: la fe, la esperanza y el amor.

Estos tres elementos transforman el mundo espiritual y también el mundo físico o material pues están bajo su dominio.

Mientras más ejercites tu espíritu, tu mente y tu cuerpo más eficiente te volverás. Ordena tus prioridades. Tienes que tener balance, armonía y ritmo para poder avanzar. La salud es integral y envuelve estos tres elementos: el aspecto físico, el aspecto mental y el aspecto espiritual.

La máxima metamorfosis sucede cuando tu relación íntima con Dios depende únicamente de la plena confianza que tú estableces con su carácter divino.

El Gran Creador fue quien puso la semilla de tus sueños más deseados en tu corazón. Él es también quien té los revela y los vuelve realidad. Él es la energía divina, quien creó y gobierna el universo. Todo está interconectado a su gran poder tanto en el mundo tangible como en las dimensiones de lo eterno e intangible.

Hay tres cualidades requeridas para poder existir. Cada una de ellas es única y se compone de tres elementos.

La materia que se manifiesta en tres estados: sólido, líquido y gaseoso.

El espacio que es ilimitado y se compone de tres elementos: alto, ancho y profundidad.

El tiempo que es único pero se forma de tres elementos o fases: el pasado, el presente y el futuro.

Seguramente tú tienes un sueño en lo más profundo de tu corazón. Ese gran deseo está íntimamente vinculado con tus ilusiones.

¿Qué necesitas tú para desarrollar tus sueños?

¿Cómo poder desafiar el temor ante nuevos retos? ¿Cómo enfrentarnos a un futuro desconocido? Cuando hablo de dimensiones y niveles siempre viene la pregunta: ¿Quién soy yo?

¿En qué consiste una persona? ¿Cuáles son los componentes de esta unidad individual?

¿De dónde provienen nuestras percepciones y emociones que pugnan hasta transformarse en acciones?

La mente, el espíritu y el cuerpo están perfectamente ensamblados. Sin embargo tienen que estar perfectamente alineados para enfrentar el temor, la ansiedad y la negatividad. Esta es la clave para un futuro brillante.

La vibración celestial es más alta y nos permite ascender, despertar entera y plenamente. Traspasar la barrera de la materia, del tiempo y aun del espacio.

Para crear una nueva época de alumbramiento en tu vida tienes que descubrir el potencial de tu parte intangible: tu mente, tu conciencia y tu interior.

La creatividad es algo viviente con la que ninguna tecnología y mucho menos las computadoras pueden competir. Tu mente necesita ser estimulada y la imaginación desafiada para conocer y comprobar que su poder es ilimitado. Tienes que abrir nuevos senderos en tu interior que te conduzcan a dones que te han sido otorgados pero que no has descubierto.

Para crear algo nuevo se necesita de la creatividad que se nutre de la inspiración y la visión que ponen en movimiento el curso de nuestras vidas. La conciencia contiene el poder de atraer la energía que transforma tu realidad al fusionarse con las fuerzas creativas del universo.

¿Qué necesitas tú para poder visualizar el futuro?

¿Cómo conocer cuál es el tiempo adecuado para que tus deseos se vuelvan realidad?

Las personas están corriendo y escapando de una situación a otra sin resolver nada en absoluto. Siempre hay asuntos personales que no queremos enfrentar y preferimos ignorar. Sin embargo el problema no resuelto regresará a nuestras vidas tarde o temprano. A veces pensamos y decimos que este trabajo no es bueno y buscamos el cambiarlo sin ninguna razón. Decimos que esta casa, esta ciudad, mis padres, mi esposa o esposo no son lo que necesitamos y decidimos un nuevo cambio. La mayoría de las veces pensamos que el problema está fuera de nosotros. Que es un problema exterior. Que son las personas, las circunstancias quienes están mal. Este es el inconveniente de ver la vida de forma superficial.

La conveniencia ignora el hecho de que tenemos un aura o karma que es el campo electromagnético que rodea a cada ser humano e irradia nuestro verdadero ser interno, es decir nuestra mente, corazón y espíritu del cual no podemos escapar. Tú eres la única persona con la cual tienes que vivir toda tu vida. No importa donde estés ni adonde te dirijas, esta fuerza interna crece y decrece, emite y recibe ondas de todo lo que existe en el universo.

La ignorancia es un estado de ceguera y oscuridad del espíritu y mente inmadura. Genera un torrente de consecuencias en todos los niveles del ser: falta de luz, creencias erróneas y limitantes, una muy mala gestión de las emociones, malos hábitos de vida y traumas y conflictos no resueltos de experiencias no integradas ni asimiladas que traen como resultado la desconexión con la energía de vida y del elixir de amor.

Necesitamos curar la ignorancia y resolver los conflictos pasados no resueltos. La mayoría de las personas vive en la superficie de su ser, en el ego, de piel para afuera, completamente desconectados de su consciencia. Si basamos nuestra felicidad en valores transitorios, materiales, mundanos y no permanentes estaremos expuestos a la jungla en la que el más fuerte y astuto sobrevive. Entonces caeremos al patrón de lo destructivo, al victimismo y a la dependencia entregando nuestro poder interior a lo superficial. Veremos las relaciones humanas como una fuente de dolor, conflicto y sufrimiento.

Si imaginamos un círculo con un punto central en el mismo, ese punto central es la conciencia y el círculo externo es el ego. El ego es la parte superficial del ser. El ego o superficie es la imagen que damos y percibimos del mundo exterior, los papeles, personajes que adoptamos. La consciencia es el núcleo central de nuestro ser que nos sustenta y alimenta. Nuestra esencia. Es aquella parte donde reside nuestro poder, nuestra energía transformadora.

Los seres humanos tenemos tres elementos muy importantes que debemos descubrir, alinear y poner en la misma frecuencia:

Nuestro interior: la parte interna, nuestra naturaleza, nuestros talentos, nuestros deseos, la parte intangible, nuestra esencia, nuestro diseño personal.

Nuestro exterior: la parte externa, la presencia física, las vivencias, lo externo existente, las relaciones con las personas y con todo lo creado en el universo.

La energía suprema del Altísimo.

¿Cómo llegar a alcanzar el cielo, tocar las estrellas y formar parte del universo?

El enlace, alineamiento y conexión de estos tres factores te facilitan grandemente el descubrimiento de tu propósito, identidad y trascender en esta vida.

Hay que trabajar con el inconsciente para transformar la parte oscura, lo negativo y destructivo y tener acceso a la consciencia para poder trascender a lo luminoso, constructivo y superior. Cuando uno está sincronizado y debidamente alineado con la vibración del amor estos campos de energía nos transmiten una mayor cantidad de información divina.

El Alfa y la Omega es el creador de la energía por su omnipotencia. Es el Señor de la materia en el espacio universal con su omnisciencia y es el dueño del tiempo con su omnipresencia. Descubre y conéctate con los tres elementos divinos de la Energía Suprema Universal: la omnipotencia, la omnipresencia, la omnisciencia.

3E

EL ESPACIO, LA MATERIA Y EL TIEMPO

Somos la naturaleza

¿Cómo conocer el misterio de los tres elementos que sustentan, protegen y regeneran la vida?

¿Cómo desencadenar en nuestras vidas el poder explosivo del alineamiento y enlace entre el espíritu, la mente y el cuerpo avanzando hacia un futuro deslumbrante?

Observemos detalladamente los tres estados de la manifestación de la materia: sólido, líquido y gaseoso.

Primero la atmósfera que es el aire.

Segundo la hidrósfera que es el agua

Tercero la litósfera que es la tierra.

Estos tres elementos son los que sustentan la vida en nuestro planeta. Son indispensables en la vida de las plantas, de los animales, de todos nosotros los seres humanos, es decir de todos los seres vivientes y aún en todo lo que ingeniamos y lo que construimos.

El aire, el agua y el alimento sólido son la base de la existencia. Allí están escondidos los secretos del cosmos universal en todos sus niveles, escalas y en todas sus expresiones en nuestro planeta.

Nosotros somos el aire que respiramos, nosotros somos el agua que bebemos y nosotros somos el alimento sólido que comemos. Estos conforman la base de la vida en todas sus manifestaciones.

Somos la naturaleza

¿Cómo es posible enlazar los tres estados de la materia? ¿Cuál es su vínculo con la manifestación de la vida?

A estos tres elementos les fue asignado el gran poder de mantener, preservar y restaurar la vida en este planeta y en el universo.

Primero la atmósfera, el aire que respiramos.

Segundo la hidrósfera, el agua que bebemos.

Tercero la litósfera, la corteza terrestre que le da vida a nuestros cuerpos y a todo lo viviente.

La atmósfera es la envoltura gaseosa imprescindible para la existencia de la vida. Está compuesta por tres capas. La tropósfera es la capa inferior en contacto con la superficie de la tierra y alcanza un grosor de diez kilómetros aproximadamente. La estratósfera es la capa intermedia que está localizada desde el kilómetro diez hasta el kilómetro ochenta aproximadamente. La ionósfera es la capa superior y la más grande que nos protege de los rayos ultravioletas y aun de meteoritos.

La tropósfera, la estratósfera y la ionósfera

El aire o sea la atmósfera tiene también tres elementos que la componen:

Nitrógeno 77/81 %
Oxigeno 19/23 %
Argón: 1% (+/-)

Los tres elementos en el aire tienen que mantener esta misma proporción para que este sea fresco y puro, condición indispensable y beneficiosa para la salud. Si el aire fresco se reduce o se contamina la vida será cortada muy rápidamente. En un incendio, en tres minutos el humo es letal. Básicamente después de tres minutos sin poder respirar nos morimos. El día de hoy la polución diaria producida por toda la maquinaria industrial moderna de intoxicación y contaminación produce enfermedad y mata gradualmente por medio de cánceres y todo tipo de enfermedades a todos los seres vivientes. Del aire que respiramos y que llega a nuestras células y órganos depende nuestra salud física. De hecho la vida proviene y depende del aire que respiramos.

*"Entonces YHVH Dios formó al hombre del polvo de la tierra, y sopló en su nariz aliento de vida, y fue **el hombre un ser (alma) viviente**."* (Génesis 2:7)

Somos el aire que respiramos.

Observaremos ahora al segundo elemento, el agua.

El filósofo más importante de los siete sabios griegos, Tales de Mileto, afirmó que el agua es la substancia más importante en el cosmos universal, pues todo está conformado por agua.

El apóstol Pedro por su parte es muy específico, *"Estos ignoran voluntariamente, que en el tiempo antiguo fueron hechos por la palabra de Dios los cielos, y también la tierra, que proviene del agua y por el agua subsiste."* (II de Pedro 3:5)

"En el principio creó Dios los cielos y la tierra… y un viento de Dios aleteaba por encima de las aguas. Dijo Dios: «Haya un firmamento por en medio de las aguas, que las aparte unas de otras.» E hizo Dios el firmamento; y apartó las aguas de por debajo del firmamento, de las aguas de por encima del firmamento. Y así fue. Y llamó Dios al (Universo) firmamento «cielos». Y atardeció y amaneció: día segundo. Dijo Dios: «Acumúlense las aguas de por debajo del firmamento en un solo conjunto, y déjese ver lo seco»; y así fue. Y llamó Dios a lo seco «tierra», y al conjunto de las aguas lo llamó «mares»." (Génesis 1:1, 6-10)

La mayoría del agua que existe en el universo surgió desde la formación de las estrellas

que suele causar un fuerte flujo de gases. Se ha detectado en nubes interestelares dentro de nuestra galaxia, la Vía Láctea y aun en otras galaxias dado que sus componentes el hidrógeno y el oxígeno son vitales y están entre los más abundantes en el universo.

El agua es una de las pocas sustancias que se encuentra de forma natural en tres estados muy diferentes. Como vapor conforma las nubes en los cielos atmosféricos. También conforma los océanos, los ríos que vierten desde las montañas y los acuíferos subterráneos en su forma líquida y los glaciares y nieve en la cima de las montañas en su forma sólida.

El agua se manifiesta en los tres estados de la materia: estado líquido, el agua; estado sólido, el hielo; estado gaseoso, el vapor

El agua es un compuesto químico inorgánico formado por tres elementos: dos átomos de hidrógeno y un átomo de oxígeno ($H2O$). Esta molécula es esencial para todos los seres vivos al servir de medio para el metabolismo de las biomoléculas y es el componente mayoritario en la madre naturaleza. El planeta tierra es 87% agua y 13% tierra.

Nuestro cuerpo contiene aproximadamente un 70% de agua. La sangre está compuesta por un 83% de agua, los músculos son 75% agua, el cerebro es 74% agua y los huesos son 22% agua. También el 70 % del peso de nuestro cuerpo es agua.

En cuanto a sus particularidades físicas, el agua no tiene color, tampoco tiene olor propio y no posee ningún sabor. Las tres propiedades físicas fundamentales del agua son que es inodora, insípida e incolora.

En la naturaleza el agua circula por medio de la evaporación de las lluvias o por la precipitación y las corrientes que la desplazan hacia el mar. Este ciclo está compuesto por tres fases: evaporación, precipitación y correntia.

El agua realiza muchas funciones básicas en nuestro cuerpo. Lleva nutrientes a las células, regresa las toxinas de las células para eliminarlas o ayuda a regular la temperatura del cuerpo por medio de la hidratación. Sin embargo vivimos en la época en que incluso a nuestra agua la han vuelto peligrosa para la salud. Hay tantos productos químicos en todas las bebidas y aun nuestra agua potable que está desbalanceada. Aun no somos conscientes del daño que nos produce y es un ingrediente muy importante en todas las enfermedades modernas.

Como estamos constantemente perdiendo agua de nuestro cuerpo por la transpiración o la orina tenemos que reponer el agua en el sistema. Hay que beber suficiente agua para mantener un buen estado de salud, para mantener los órganos internos y que los sistemas funcionen correctamente. Al no beber suficiente agua el cuerpo comenzará a sentirse cansado y débil. Lo único que hidrata el cuerpo humano es el agua. No son las sodas, lo refrescos embotellados, el café o el alcohol. Ningún refresco embotellado tiene las propiedades del agua y más bien intoxican el cuerpo y le roban el agua que necesita para funcionar. Sin el agua no se puede vivir. Es la principal fuente de energía. El agua genera energía magnética y eléctrica dentro de cada célula del cuerpo humano. El agua es el vehículo que transporta todas las sustancias en el organismo. El agua nos da el poder de la energía eléctrica para las funciones básicas del cerebro y para producir el pensamiento.

El elemento más esencial para la subsistencia del ser humano después del oxígeno es el agua. El agua es el nutriente más importante para el sostenimiento de la vida. El 77% de nuestro cuerpo está compuesto de agua.

Somos el agua que bebemos.

La materia no se crea ni se destruye, solo se transforma. La energía no se crea ni se destruye solo se transforma. Virtualmente toda la energía usada en la tierra proviene del sol. Lo único que podemos hacer con esta energía es cambiarla de una forma a otra o transformarla de un estado al otro.

Esto se hace más patente con la trasformación y difusión del calor. La conducción es el resultado de la propagación de calor entre dos cuerpos o partes de un mismo cuerpo a diferente temperatura debido a la agitación térmica de las moléculas. No existe un desplazamiento real de estas sino la transferencia de calor que se produce a través de un medio estacionario -que puede ser un sólido- cuando existe una diferencia de temperatura. Por ejemplo en el invierno las casas y los cuerpos se enfrían muy rápidamente. La convección es la transmisión de calor por movimiento real de las moléculas de una sustancia y se caracteriza porque se produce por medio de un fluido (líquido o gas) que transporta el calor entre zonas con diferentes temperaturas. La convección se produce únicamente por medio de materiales fluidos. Lo que se llama convección en sí es el transporte de calor por medio del movimiento del fluido. Por ejemplo al trasladar el fluido por medio de bombas o al calentar agua en una cacerola. En este segundo ejemplo, el agua que está en contacto con la parte de abajo de la cacerola se mueve hacia arriba mientras que el agua que está en la superficie desciende ocupando el lugar que dejó la caliente. La radiación es la transmisión de calor entre dos cuerpos que en un momento dado tienen temperaturas distintas sin que entre ellos exista contacto ni vínculo por otro sólido conductor. Es una forma de emisión de ondas electromagnéticas que emana todo cuerpo que esté a mayor temperatura que el cero absoluto. El ejemplo perfecto de este fenómeno se da en nuestro planeta Tierra. Los rayos solares pasan a través de la atmósfera sin calentarla, sin embargo se transforman en calor en el momento en que entran en contacto con la tierra.

Los tres procesos que intervienen para que el calor se transforme o desplace de un estado al otro son: conducción, convección y radiación

El átomo es la parte más pequeña en la que se puede obtener la materia de forma estable, ya que las partículas subatómicas que lo componen no pueden existir aisladamente. El primero en utilizar este término fue Demócrito quien creía que todos los elementos deberían estar formados por pequeñas partículas que fueran indivisibles. Átomo, en griego, significa indivisible. Hoy sabemos que los átomos no son, como creía Demócrito, indivisibles.

De hecho están formados por tres elementos. El protón, partícula elemental con carga eléctrica positiva igual a 1. Su masa es una UMA (unidad de masa atómica) y es 1.837 veces mayor que la del electrón. Se simboliza p+. El electrón, partícula elemental con carga eléctrica negativa igual a 1. Su masa es despreciable y se simboliza e-. El neutrón, partícula elemental eléctricamente neutra, con una masa ligeramente superior a la del protón, se simboliza n0.

El átomo se compone entonces de tres partículas subatómicas que son el protón, el electrón y el neutrón.

Existen tres vibraciones elementales donde el electrón, el protón y el neutrón permanecen en absoluto equilibrio bajo las leyes inmutables de la matemática, la química y la física cuantitativa.

Estas vibraciones y sus frecuencias se manifiestan por medio de estos tres elementos: los números, el color y el sonido.

Como lo podemos observar claramente en la madre naturaleza, la materia se manifiesta en tres estados. Ya sea como un sólido, muchas veces como un líquido y también en su fase gaseosa.

El planeta Tierra está compuesto de tres elementos. El primero existe en lo más profundo y se le conoce como el núcleo central de cristal de hierro, seguido del manto hasta llegar a la superficie conocida como la corteza terrestre.

En el núcleo, el manto y la corteza terrestre es donde se encuentran las tres fuerzas elementales: la energía metálica nuclear, la energía mineral y la energía química.

El Creador del universo fue quien instituyó el principio más antiguo del universo que se desarrolla y manifiestas por medio de tres ciclos: lo tangible, lo intangible y lo imperecedero o eterno.

La semilla, el tiempo y la eternidad

Tienes que reconocer que el crecimiento es gradual pero constante en nuestra jornada. No podemos quedarnos totalmente estáticos pues la falta de movimiento conduce a la corrupción, a la enfermedad y a la muerte. Tampoco podemos ir demasiado rápido pues la prisa crea desperdicio y destrucción en el mundo actual y lo arrastra inexorable y diariamente a la enfermedad y a la muerte.

Observa la naturaleza. Una flor no crece repentinamente. Presta atención a lo que tarda en crecer cada árbol de frutas. Cada uno tiene su propio tiempo de crecimiento, de siembra y de cosecha. Todo lo creado por la Suprema Energía Universal siempre está en desarrollo pero muchas veces es imperceptible pues el crecimiento y el movimiento son graduales y pausados para mantener la estabilidad.

Cuando hablamos de lo tangible estamos percibiendo a la materia en su forma más simple y diminuta: una semilla. Cuando describo lo intangible, me refiero al tiempo. Cuando puntualizo la divinidad es en referencia a lo imperecedero y eterno.

Mientras más ejercitas tu espíritu, tu mente y tu cuerpo más eficiente te volverás.

Ordena tus prioridades. Tienes que tener balance, armonía y ritmo para poder avanzar, sino muy poco lograrás en esta vida.

La salud es integral y envuelve tres elementos: e*l aspecto físico, el aspecto mental* y e*l aspecto espiritual.*

¿Cómo interviene el tiempo en todo esto?

El tiempo es el tesoro más valioso que poseemos en nuestra vida porque es limitado. Dios nos ha dado a todas las personas, pobres, ricos, jóvenes, niños o ancianos la misma cantidad de tiempo cada día: Veinticuatro horas Nadie le puede añadir o quitar un segundo del tiempo a cada día. El cómo lo administremos es parte de nuestro aprendizaje y crecimiento en la vida.

En este lapso de vida todos los seres vivos están sometidos a los tres elementos o facetas del tiempo: el pasado, el presente y el futuro.

Podemos volver a producir o inventar cualquier cosa y aun el dinero, pero no el tiempo. Cualquier evento que pase en tu vida, si sabes redimir el tiempo descubrirás que es para tu bien. Lo que ya pasó te da experiencia, lo que está sucediendo hoy es tu vivencia, ese regalo llamado presente, y todo esto te ayudará en tu porvenir, en el futuro, en la vida que te falta por vivir pues todo está diseñado para tu bien. Te das cuenta que no has traído nada contigo al momento de nacer. Pues desnudo e indefenso naciste y así mismo serás enterrado. Sin poder llevarte nada. La realidad es que no hemos traído nada con nosotros y cualquier cosa que poseamos la hemos recibido aquí. Todo lo que obtengas en esta vida, la Divina Providencia te lo ha dado y cualquier objeto que adquieras hoy fue producido o pertenecía a otra persona en el pasado y pertenecerá a otra persona en el futuro si es que resiste el paso del tiempo. Erróneamente se nos ha enseñado un falso concepto de la pertenencia. Lo que tú piensas que te pertenece y esa falsa felicidad de la posesión se desvanece constantemente. La pérdida de cosas, objetos y aun personas son la causa de todas nuestras penas, pesares y tristezas. Cuando aprendas a reconocer que nada nos pertenece entonces serás dueño de todo y nunca más serás cautivo de la incertidumbre y del temor.

La naturaleza y el universo reconocen a su creador y lo agradecen. Oye a los pájaros cantar, observa el cadencioso y armónico sonido de una cascada, levanta los ojos y ve cualquiera de estas noches el firmamento estrellado y todas sus luces, observa las olas del mar y un atardecer de verano y todo su colorido. Su silencio te envía ondas y una frecuencia de armonía, paz y tranquilidad.

"Los cielos cuentan la gloria de Dios y el firmamento anuncia la obra de sus manos. Un día emite palabra a otro día, y una noche a otra noche declara sabiduría. No hay lenguaje ni palabras, ni es oída su voz.

"Y si fue su poder y eficiencia lo que les dejó sobrecogidos, deduzcan de ahí cuánto más poderoso es Aquel que los hizo; pues de la grandeza y hermosura de las criaturas se llega, por analogía, a contemplar a su Creador." (Salmo 19:1-3) (BJ Sabiduría 13:4-5)

Tendrás que aprender a escuchar el sonido del silencio. Allí encontrarás su voz y dirección. Para poder penetrar en los secretos del universo el silencio tiene que ser escuchado y el ruido diligentemente eliminado.

Hay que callar el ruido del intenso tráfico de la vida cotidiana. Sin embargo el mayor ruido no es el de afuera, la parte externa, sino el de adentro, la parte interna. No es solamente lo que escuchamos y oímos. Es el ruido en nuestro entendimiento. Hay que silenciar el pensamiento y vaciar la mente. Tener la actividad de meditar en paz para contemplar la realidad del ser, de ser uno mismo en la unidad de los tres elementos que nos componen: el espíritu, el cuerpo y la mente. Es decir nuestros pensamientos y sentidos, la persona y su entorno, la parte interna y la parte externa que devuelven el equilibrio y bienestar al ser integral, donde se encuentra a Dios en el silencio de los sentidos y la unidad del Ser.

La humanidad hoy en día está llena de tanto ruido mercantilista que no interesa lo que decimos con tal de obtener alguna ganancia en cualquier producto. La decadencia del planeta ha sido causada por la salvaje violación de las leyes del universo a manos del propio ser humano, sus instituciones y formas de gobernarse que de paso ha ido devastando irremediablemente a la madre naturaleza y sus tres elementos vitales para la vida: el aire, el agua y la tierra.

Todos experimentamos ese momento de temor que nos paraliza y nos deja inmóviles. La única manera de vencerlo es remplazarlo por coraje y decisión. No es que logremos la ausencia del temor sino que lo reemplazamos por la determinación de actuar a pesar de ello. Lo primero que se debe desarraigar es el temor para poder avanzar en la dirección adecuada. Pero primero tienes que visualizar ese sueño y tener una fotografía mental de ese objetivo. Nunca perder el enfoque hasta descubrir que lo que antes eran tus límites trazados por el temor ahora son nuevas dimensiones conquistadas con determinación y valentía.

Parece realmente difícil vincular las dos facetas de la vida porque van en contra de todo este acondicionamiento mental al que el ser humano está sometido diariamente por el mercantilismo actual. Hay dos extremos en la tonalidad de todos los colores, las escalas y emociones. Pensar que permanentemente nos podemos deshacer del dolor, la tristeza y la adversidad y solamente encontrarnos con el placer, la felicidad y el triunfo, simplemente no es posible.

Lo positivo y lo negativo siempre están juntos en cada extremo de la vida misma. Son dos facetas de la esencia de la misma energía. Dos facetas de la naturaleza misma. El nacimiento y la muerte o el día y la noche parecen ser enemigos pero ambos sirven a un único fin. Tenemos que crecer, madurar y transformarnos para aceptar a ambos.

¿Acaso no puedes encontrar la belleza que posee la tristeza? ¿Por qué pierdes el tiempo riñendo contra ella? Mira más profundamente a la vida con amor y sabiduría. Seguramente serás sorprendido más allá de tu mismo entendimiento y comprensión.

La tristeza, el dolor y el sufrimiento tienen la belleza de la cual el placer, el triunfo y la felicidad carecen. La tristeza y la adversidad tienen profundidad y te transforman mientras que el placer y la felicidad son superficiales y pasajeros. El secreto y el arte de abrazar la vida plenamente consisten en mantener el equilibrio, el balance y la armonía pues a veces somos inmensamente felices y en otras ocasiones sufrimos penalidades. Hay que aprender a descubrir que ambos estados tienen su propia belleza. Esto sucede cuando tu confianza es plena en el carácter divino de Dios, pues Él es el Creador del universo, la naturaleza y de todo lo existente.

La vida misma tiene un potencial infinito que se desarrolla con el cumplimiento del deseo. Encuentra qué es lo que te apasiona, la pasión crea el entusiasmo. La pasión y el entusiasmo son el fuego que produce la energía.

Tu cuerpo, tu mente y tu espíritu no solamente perciben su mundo. También lo interpretan y lo crean.

Tú eres único. El tesoro que existe dentro de ti no puede ser identificado a menos que descubras tu propósito. Entonces se desata esa energía que está allí guardada y encuentra el canal para que el fuego pueda fluir.

El propósito es la fuerza de propulsión, el combustible que te dará la energía para llegar a la cima a pesar de cualquier adversidad.

Para que se produzca el fuego se necesitan una reacción en cadena por la presencia de estos tres elementos: calor, oxígeno y el combustible, la materia.

Se requiere de un combustible, del oxígeno y del calor que actúa como la chispa que libera la energía para que la materia en cualquiera de sus manifestaciones, sólida, liquida o gaseosa se convierta en fuego.

"El bien más grande que puedes hacer por los demás, no es solamente compartir tus riquezas, lo que tienes y sabes, sino enseñar a los demás a descubrir sus propias riquezas." (Benjamín Disraeli)

Cada ser humano puede tener acceso permanente a el Alfa y la Omega, la Energía Divina Dinámica, siempre en movimiento y que nos lleva hacia un destino deslumbrante.

"Yo soy el Alfa y la Omega, el principio y el fin. Al que tuviere sed, yo le daré gratuitamente **de la fuente del agua de la vida**. *El que venciere heredará todas las cosas, y yo seré su Dios, y él será mi hijo. (Rev. Ap. 21:6-7)*

3E

La revelación del misterio del tiempo

El tiempo, el momento y la eternidad

Hoy se dice el tiempo es oro. Ahora más que nunca resulta que cada hora de trabajo tiene una remuneración económica de acuerdo a la profesión o el servicio prestado.

La tierra da vueltas sobre sí misma y le toma un día, es decir veinticuatro horas el dar una vuelta completa sobre su propio eje en este movimiento que se llama rotación. El sol, la tierra y la luna fueron creados con un propósito divino: determinar que un día esté compuesto por veinticuatro horas. Al mismo tiempo también la tierra gira alrededor del sol y tarda 365 días, es decir un año, en este movimiento que se le llama traslación.

En nuestro sistema solar hay tres elementos que rigen el tiempo: una estrella, un planeta y un satélite, el sol, la tierra y la luna.

La luna tiene tres movimientos principales que están relacionados directamente con el planeta tierra y lo afectan de muchas maneras. El primero es su giro alrededor de la tierra que se le llama traslación lunar. También tiene una rotación sobre su propio eje y a este movimiento se le conoce como la rotación lunar con la característica única de que ambos lo realizan en poco más o menos el mismo intervalo de tiempo. Por último, el tercer movimiento de la luna es el que realiza alrededor del sol, escoltando la traslación de la tierra y coincide con el año terrestre. La luna despliega una continua influencia física sobre la tierra. El ejemplo más conocido es el de las mareas. La fuerza de atracción gravitatoria lunar produce una ligera deformación en la superficie de nuestro planeta tierra la cual se hace más evidente por el *flujo y reflujo* continuo en las aguas de los océanos y mares de la tierra. Así que científicamente se tiene por sentado que los tres movimientos de la luna son la traslación lunar, la rotación lunar y la traslación solar.

El Creador nos ha dado a todas las personas, pobres, ricos, jóvenes, niños o ancianos la misma cantidad de tiempo cada día. Ni siquiera nuestros cuerpos pueden resistir el paso del tiempo y ciertamente todos los seres vivientes estamos confinados bajo estos tres elementos: nuestra llegada a este planeta es decir el día de nuestro nacimiento, el ciclo de vida, es decir la cantidad de tiempo de la misma y nuestra partida, la muerte. Además, mientras avanzan los años y nuestro ciclo de vida envejecemos mientras transcurre el tiempo. Las tres facetas del ciclo de la vida son el nacimiento, el lapso de vida y la muerte.

En el lapso de vida existen también tres etapas o periodos que se dan en todos los seres vivientes. La primera fase es desde que el niño es fecundado hasta más o menos los tres meses cuando comienzan sus primeras percepciones que se manifiesta más plenamente el día de su nacimiento. Podemos decir que viene con pureza e inocencia, que no hay nada en su memoria, ni nada grabado en su subsconsciente. Luego comienza a recibir información cada día, la cual es muy importante pues marcará el resto de su vida. Este individuo quedará condicionado por todo lo que le es enseñado, por todo lo que ve en su familia, con sus padres, hermanos, maestros y todas las personas que le rodean. Para él todo lo que recibe es verdad y podríamos decir que la etapa de la niñez se termina a la edad de seis años. La segunda etapa comienza a los siete años y se prolonga hasta los veintiuno. El joven comienza a cuestionar a su familia, maestros y a la sociedad en general de acuerdo a sus propias experiencias de vida. Este es el momento que finalmente buscará su independencia y cuestionará los conflictos a nivel económico, religioso y político. Quiere descubrir y saber quién es él y cómo establecer su propia vida. Luego llega a la etapa de la madurez y se convierte en un adulto. Tiene la responsabilidad de aprender a cuidarse a sí mismo y a las personas que le rodean hasta que él mismo forma su propia familia. Hay tres etapas muy bien establecidas en el lapso de vida de cada ser humano: la niñez, la adolescencia, la adultez.

El concepto cultural del tiempo es circular y cíclico. Además, mientras avanza nuestro ciclo de vida envejecemos por el transcurrir del tiempo. Podemos decir incuestionablemente que El Creador del universo hizo al sol, la luna, la tierra, los planetas y su constante movimiento para establecer la medición del tiempo al que todos los seres vivos estamos confinados. Cada persona completa un ciclo de vida. ¿Acaso podremos adelantar el día de nuestro nacimiento? Por supuesto que no. Lo sagrado es lo que contiene un misterio intangible e impenetrable y básicamente lo que el hombre no puede cambiar y está fuera de su alcance.

El hombre solamente aprendió a medir el tiempo por medio de un cronómetro o del reloj. Aprendió que la tierra rota a través de su propio eje en un día y le Asignó a cada día tres fases: mañana, tarde y noche.

En el cómputo diario del tiempo también utilizamos tres elementos: horas, minutos y segundos.

En nuestro recuento anual del tiempo estipulamos tres elementos para su cuantificación: meses, semanas y días.

La cultura griega consideraba el tiempo como algo sagrado y un misterio divino. No era simplemente algo exterior que podía medirse con un reloj. Tanto era así que para ellos fue un dios al que le pusieron por nombre Cronos: el padre despiadado del tiempo. Según la mitología y leyendas griegas, Cronos era el hijo de Urano y de Gaia. Cronos liberó a sus hermanos de las entrañas de la tierra donde Urano había recluido a los recién nacidos. Así se convirtió en el líder de los Titanes y con su hermana Rea concibió los nuevos dioses olímpicos. Justamente de allí surgieron los juegos olímpicos. Hasta el día de hoy los atletas compiten para mejorar el tiempo tanto en las carrera, en la natación y demás eventos. Quien tiene el tiempo más corto es el campeón y recibe una medalla de oro. La de plata es para el segundo y la de bronce para el tercero. Por supuesto hay una gran diversidad de eventos y deportes que no están directamente relacionados con lograr la menor cantidad de tiempo pero sí están confinados a un periodo y quien más veces anote es el vencedor.

La otra expresión del tiempo en la mitología griega es Kairos, el momento oportuno. El momento de oportunidad, la medida justa y adecuada, el momento para tomar ventaja. Los romanos le llamaron Occasio, es decir la ocasión, el momento adecuado y oportuno para obtener algún logro u objetivo en la vida. Kairos tiene un gran significado en el nuevo testamento y esto lo atestigua Lucas que era griego y era el único de los cuatro evangelistas que no conoció personalmente a Cristo. *"¡Oh, si también tú conocieses, a lo menos en este tu día, lo que es para tu paz! Mas ahora está encubierto de tus ojos. Porque vendrán días sobre ti, cuando tus enemigos te rodearán con vallado, y te sitiarán, y por todas partes te estrecharán, y te derribarán a tierra, y a tus hijos dentro de ti, y no dejarán en ti piedra sobre piedra, por cuanto no conociste el **tiempo** de tu visitación."* (Lucas 19: 42-44)

Todo esto sucedió después de la muerte de Cristo, cuando Juan fue encarcelado.

Jesús vino a Galilea predicando el evangelio del reino de los cielos, diciendo: *"El tiempo se ha cumplido, y el reino de Dios se ha acercado."* (Marcos 1:15) Ese tiempo es el instante del encuentro con Dios en el cual el gran creador del Universo desea mostrarnos su cercanía y obsequiarnos su Gracia. Nuestra gran tarea es tomar ese momento oportuno para aceptar su gracia, amor y sanidad en lugar de siempre escapar de nosotros mismos y de Dios y dejar que simplemente el tiempo transcurra.

El tiempo cumplido es aquel instante en que coinciden el espacio, el momento y la oportunidad.

El cambio y el movimiento es la ley universal fundamental de la vida misma. Lo que no se mueve y está inerte se muere. Lo que consideramos como el final de la vida, es decir la muerte es la transformación más profunda de nuestra realidad únicamente física a una realidad espiritual más amplia, infinita y permanente.

La rapidez no es lo mismo que la eficiencia. Ahora se confunde muy fácilmente el trabajo con el simplemente producir polvo o humo que desaparece muy rápidamente y el estar simplemente corriendo y siempre estresados. La actitud de atención y enfoque es el aspecto clave que vincula el tiempo con el logro de metas y objetivos. No es meramente el tiempo que transcurre lo que importa. Aquí es donde interviene el ritmo. Quien desea realizar todo simultáneamente no trabaja con efectividad pues dispersa y debilita su capacidad de concentración. Quien maneja el tiempo de manera caótica generalmente tiene motivos más profundos por falta de valores, metas y objetivos. Por esta razón es conveniente manejar el tiempo investigando y profundizando con nuestra propia conciencia. El enfoque y el ritmo crean el tiempo adecuado, el momento oportuno. El reloj solo mide el tiempo.

El ritmo es la libertad en la ley del orden y la armonía para llegar a un objetivo. Sin el ritmo, la energía psíquica se pierde por falta de coordinación.

Cada ser humano lleva un biorritmo natural como parte de su individualidad. Cada persona tiene horas de lucidez y horas en las que su resistencia disminuye. Es necesario mantener ese biorritmo interno del propio cuerpo junto con el del universo y moverse en función de esta unidad. Entonces experimentaremos total sanidad al estar en armonía con nosotros mismos, con la naturaleza, con el cosmos universal y el universo que me rodea. Solo entonces no percibiremos el tiempo como el tirano a quien debemos servir como esclavos sino como el gran obsequio del creador. Un presente que cada día nos permite escudriñar el misterio de la vida, experimentar el tiempo y el espacio en el cual vivimos.

El mismo creador del tiempo, el Alfa y la Omega ha venido y de este modo ha transformado el tiempo a su total plenitud. A través de la encarnación personal e íntima de Dios y el hombre el tiempo adquirió una calidad distinta. Ya no es un bien escaso y limitado y que el hombre debe en todo lo posible explotar sino el lugar en el cual el ser humano se hace uno con Dios.

Esta nueva dimensión del tiempo está de manera plena en el eterno presente que es colmado por Dios. Cuando Jesús dice de sí mismo que es la puerta, nos invita a observar atentamente a la puerta de nuestro corazón, abrirla y así tener acceso a nuestra alma, es decir a nuestro interior donde vive Dios. El tiempo se detiene, se hace uno consigo mismo y con Dios. *"He aquí, yo estoy a la puerta y llamo; si alguno oye mi voz y abre la puerta, entraré a él, y cenaré con él, y él conmigo. Al que venciere, le daré que se siente conmigo en mi trono, así como yo he vencido, y me he sentado con mi Padre en su trono. (Rev. Ap. 3:20-21)*

Para el apóstol Pablo el tiempo agradable es el tiempo marcado por la complacencia divina y la presencia de Dios. El tiempo agradable se caracteriza por la gracia, la sanación, la integridad y la plenitud. El Alfa y la Omega está con nosotros y a través de Él, el tiempo ha llegado para que el hombre alcance su esencia y plenitud. Por esta razón ahora vivimos el tiempo de la Gracia y la verdad. *"Porque de su plenitud tomamos todos, y gracia sobre gracia. Pues la ley por medio de Moisés fue dada, pero la gracia y la verdad vinieron por medio de Jesucristo. A Dios nadie le vio jamás; el unigénito Hijo, que está en el seno del Padre, él le ha dado a conocer."* (Juan 1:16-18)

Cómo administremos el tiempo es parte de nuestro aprendizaje y crecimiento en la vida. Nadie puede añadir o quitar un segundo del tiempo a cada día. En este lapso de vida todos los seres vivos estamos sometidos a los tres elementos del tiempo: el pasado, el presente y el futuro.

La manera de vivir es comprometiéndose con cada momento de nuestra propia vida. El compromiso es con cada momento en el ahora, no con lo que viene y mucho menos aun con lo que ya pasó.

Podemos volver a producir o inventar cualquier cosa y aun el dinero, pero no el tiempo. El hoy, el ahora, es un regalo de Dios que se llama presente. Es necesario descubrirlo con gran expectación.

Momentos

Cada momento revela tesoros escondidos. En realidad vivimos solo momentos que por muy espinosos o extraordinarios que hayan sido no hay manera de retenerlos. Sólo puedes archivarlos y así recordarlos.

Por muy tristes o felices que sean los momentos en el presente no podemos atraparlos sino simplemente disfrutarlos.

Por mucho que desees esos momentos sublimes en el futuro nunca podrás capturarlos para siempre. La vida y el tiempo están en constante movimiento. Momentos es lo único que percibimos. Momentos es lo único que recordamos. Momentos es lo único que vivimos.

Nuestra mente en su afán de detener el movimiento del tiempo, que es como la corriente de agua en una cascada, no percibe la simple hermosura de ese momento. Cada momento contiene el eterno presente. Eso debe conducirnos a vivir con gratitud a fin de obtener plenitud.

El gran misterio de la excelencia siempre está confinado los tres elementos del tiempo. El pasado, el presente y el futuro.

Cuando le dedicamos tiempo a una persona le estamos entregando una porción de nuestra vida que nunca podremos recuperar. El tiempo es nuestra vida. Es por eso que el mejor regalo que le puedes dar a otra persona, a tu familia, a un amigo, a tu creador es tu tiempo. El cómo lo empleas es la clave de tu futuro. Sin duda alguna entonces el tiempo es el pasaporte y el dinero en efectivo aquí en la tierra. Hoy, el ahora es un regalo de Dios que se llama presente. Es nuestra moneda en cada día de nuestra existencia en la tierra.

Piensa y reflexiona. El tiempo es el más grande regalo, el presente que hemos recibido. Tú has cambiado tu tiempo por todo lo que has obtenido y tienes. Hoy en día tú cambias tu tiempo por un salario por hora, por día o por semana.

Tú no puedes ser libre en el futuro, mucho menos en el pasado. El presente es la llave de la libertad. Tú solamente puedes ser libre ahora, en este momento, cuando el tiempo, la materia y el espacio, concurren en el eterno presente.

Mejorar siempre envuelve cambio de hábitos y costumbres que te convertirán en un Ser de Luz. Entonces rechazarás y conquistarás las tinieblas. Tienes que llegar a la plenitud lleno de armonía, gozo y paz al estar conectado estrechamente con tu Creador.

La pureza del corazón permite que al estar totalmente colmado por Dios penetremos en la eternidad. Dios es eterno. No está limitado ni por el espacio, la distancia o el tiempo. Cuando soy uno con mi Creador voy más allá del tiempo y tengo participación de la misma eternidad. Ya no existe el pasado ni el futuro. Solamente el eterno presente.

Entonces, ¿cómo vivir las tres facetas del tiempo?

Primero tendremos que aprender a vivir el eterno presente. Es decir a estar totalmente comprometidos con cada momento de nuestra vida. No pensar en cómo no sufrir adversidades y evitar el dolor para no padecer de más y amar menos. Es allí donde pones los límites en tu vida al quedarte pegado a algún fracaso o injusticia del pasado, conectado a circunstancias que ya no existen.

La eternidad del tiempo más largo que la vida de la primera estrella en el universo ha arribado a tu vida en este momento. A tu existencia, a la existencia de cada persona.

La meta en realidad es llegar a nosotros mismos. A donde, en lo más profundo de nuestro ser, habita nuestra esencia y la esencia del Creador. Allí es donde encuentras a ese niño divino que nace cada día en nuestro interior. Esa es la conexión entre el tiempo, el momento y la eternidad.

"Quien lo conoce todo, excepto a sí mismo; Carece de todo. Todo existe dentro de ti. No habrá secreto que no te será revelado; pues como sea su interior así también será su exterior".

3€

LA MENTE, EL ESPÍRITU Y EL CORAZÓN

La palabra, la vibración y la energía

La mente: el pensamiento, la palabra y la acción

Tu mente es el gran generador de tus emociones, decisiones y tus acciones en esta vida. Tú eres lo que piensas y crees de ti mismo. Tu mente proyecta tu propia imagen.

Los seres humanos tenemos lo intangible, la parte interna, tu naturaleza, tus talentos, tus deseos, tu diseño personal. También tenemos lo tangible, la parte externa, tus experiencias de vida, tus vivencias, lo existente, tu relación con las personas y todo lo creado en el universo. Además tenemos a el Altísimo, la Energía Suprema Universal.

El enlace, alineamiento y conexión de estos tres elementos te facilitan grandemente el descubrimiento de tu propósito, cómo llegar a tu identidad y destino en esta vida.

Interior, Exterior y el Altísimo

Estos tres elementos bien alineados te llevarán muy pero muy lejos sin ninguna fricción a una siguiente dimensión, sin límites ni fronteras. El cambio tiene que ser fluido y no forzado. Tú no puedes mejorar tu condición hasta que no transformes y aumentes tu conocimiento. Lo que entra y se incorpora en ti, determina lo que sale de ti. La vital importancia del conocimiento o el saber radica en la calidad de la información que adquieres. Esta determinará la calidad de tus decisiones y en ellas está fundamentada la calidad de tu vida. A nivel personal y espiritual la ignorancia produce falta de luz en la consciencia que se manifiesta como falta de sabiduría e inspiración y carencia de ideas, propósitos y de creatividad para ejecutarlas. La calidad de esa información determinará la calidad de tu producto en cualquier campo que te desenvuelvas. Si haces un edificio con un fundamento equivocado se caerá y será grande tu ruina. Lo mismo pasa con nuestras vidas. La solución a esas creencias limitantes y erróneas está en la transformación personal y la modificación consciente de las creencias, empezando por instaurar en la mente una señal de inicio positiva: creer es crear.

¿Cómo cambiar tu frecuencia y así cambiar tu realidad?

Si cambias tu autoimagen estarás cambiando tu actual comportamiento. Si cambias tu frecuencia y reemplazas tus creencias nocivas por creencias positivas realmente tu propia vida cambiará.

Lo creas o no, tus creencias no están hechas de realidades, sino más bien tu realidad está hecha por tus creencias.

Tú eres, literalmente, lo que tú crees de ti mismo.

El sistema nervioso se desarrolla como una respuesta a los estímulos nerviosos. Eso crea una cierta percepción del mundo en que vivimos que a la vez crea una estructura con un sistema de creencias. Luego el sistema nervioso actúa con una sola función de reforzar el sistema de creencias. Tu mente es la gran industria de tus pensamientos, emociones y decisiones, de tus palabras y acciones en esta vida. Las palabras que hablas de ti mismo se convertirán en tu realidad. Con tus mismas palabras estás profetizando tu futuro.

Generalmente se dice ver para creer cuando en realidad nosotros transformamos nuestra realidad y el proceso es el opuesto: creer para ver. El universo es energía pura. Nuestros pensamientos afectan esa masa de energía creando nuestra realidad. Los pensamientos negativos bajan la vibración de nuestra energía provocándonos cansancio, depresión, angustia y temor. Los pensamientos positivos elevan la vibración de nuestra energía provocándonos alegría, entusiasmo, comprensión, amor y nos permite desarrollar al máximo nuestro potencial.

Desde la Física se sabe que la materia no se crea ni se destruye solo se transforma y que a toda acción corresponde una reacción. En términos más comunes lo que haces primero determina lo que viene como consecuencia. Lo más sorprendente es la íntima relación de la Física con el desarrollo de la fe.

Las palabras que hablamos crean y traen como consecuencia las emociones y sentimientos. Lo que decimos por supuesto que crea emociones y percepciones en la persona que las recibe. Nosotros estamos llevando vida o muerte, odio o amor con nuestras palabras y ellas crean nuestro propio futuro. Pueden envolverlo en oscuridad o iluminar nuestro camino y el camino de los demás.

Las palabras son energía y la energía afecta a la materia. La energía de la electricidad por ejemplo, fluye y viaja por los cables eléctricos y llega al tomacorrientes que te sirve para que funcione tu refrigerador, estufa y cualquier aparato eléctrico. Esa energía que fluye al horno de microondas hace vibrar las moléculas de agua que se calientan y así te preparas un café o una taza de té. Así pues con razón se puede decir que la energía afecta a la materia. Las palabras son energía y afectan a todo ser viviente y también a los objetos materiales sin vida.

Observa el impacto del pronunciamiento de las palabras, por ejemplo, al minimizar a un niño o a alguien más al decirle que es un tonto. Eventualmente esa persona se volverá tonta. Si por el contrario le dices que es muy listo entonces se volverá inteligente. Así mismo también pasa con la materia inerte. Si tratas mal a tu auto y le dices que es una chatarra que no sirve entonces esas palabras, que son vibraciones de energía que afectan a los átomos que componen el auto, provocaran que algo falle. Si hablas esas palabras el tiempo suficiente tu auto eventualmente te obedecerá y sucederá lo que estás diciendo. Esto que sucede con las cosas materiales cuánto más importante es en lo que le decimos a la gente con que la convivimos y nos rodea. Nuestras palabras crean ese entorno de paz, gozo, confianza y generan el éxito o el caos y la confusión.

Las creencias visualizan y crean los pensamientos que a su vez se transforman en palabras. Estas palabras producen cosas reales. La mente humana produce más de sesenta mil pensamientos por día y estos pueden ser en su mayoría pensamientos negativos que pueden volverse realidad. Así nos dicen las investigaciones científicas del Stanford Research Institute (EE.UU.). Esto confirma aún más que estamos en exceso al apegarnos a la energía involutiva, es decir negativa, que determina un verdadero prejuicio para nosotros mismos, en todos los ámbitos donde nos desenvolvemos. Nuestros pensamientos frecuentes se convierten en hábitos. Son los pensamientos habituales los que configuran nuestras creencias. Estas creencias luego producen más pensamientos acordes a estas creencias y éstos crean realidades para nuestras vidas. Los pensamientos crean imágenes mentales. Las imágenes que colocas en tu mente influyen en tu comportamiento.

Pensar es concebir imágenes en la mente y este es un mecanismo que el cerebro exige para poder interpretar datos. Sin la imagen que se piensa no existe un pensamiento. El pensamiento y la imagen están siempre están juntas. El Doctor Maxwell Maltz (1899-1975), creador e impulsor de importantes conceptos psicológicos menciona varias realidades que los seres humanos debemos considera: la realidad subjetiva, la realidad objetiva, la realidad idealizada.

La realidad objetiva es aquella que capta las condiciones y estímulos que recibimos a través de los cinco sentidos (olfato, tacto, vista, gusto y oído) y que se desarrolla en el ámbito exterior o realidad tangible o palpable. La realidad subjetiva es aquella que rige la conducta, el comportamiento habitual y que está determinada por las creencias o hábitos de pensamiento. Es decir se desarrolla dentro de ti mismo. Tu cerebro no puede diferenciar una realidad determinada, ya sea esta objetiva, subjetiva o idealizada por lo que dirige tu accionar y energía hacia lo que tú crees que eres y no a lo que tú esencialmente eres.

Nuestra gran industria y generador de nuestra realidad es nuestra mente que transforma el pensamiento en palabras y estas palabras transforman nuestra realidad.

Las palabras son vibraciones que producen varias frecuencias de energía que afectan a los átomos que componen la materia. Si por ejemplo le dices a tu auto palabras que son negativas de alguna manera provocaras que algo falle. Si hablas esas palabras el tiempo suficiente, tu auto eventualmente te obedecerá y sucederá lo que estás diciendo no solo en tu auto sino también en tus plantas, animales y en todas las cosas materiales que te rodean.

Por supuesto lo más importante es lo que le decimos a la gente con que convivimos y nos rodea. Nuestras palabras crean ese entorno de paz, gozo, confianza y generan el éxito y el orden o el caos y la confusión.

Cuando Cristo dijo *"Si tuvieseis fe como un grano de mostaza, diríais a este árbol sicómoro: "¡Desarráigate y plántate en el mar!" Y el árbol os obedecería"* (Lucas 17:6). Él hablaba de una semilla, lo más pequeño que se podía ver en su tiempo. Si él estuviera aquí hoy él podría decir si tuvierais fe como un átomo o incluso algo más pequeño.

La física cuántica estudia cosas tan pequeñas que no podemos ver pero que forman todo lo que vemos a partir de esas partículas subatómicas. *"Por la fe entendemos que el universo fue formado por la palabra de Dios, de modo que lo que se ve fue hecho de lo que no se veía."* (Hebreos 11:3). Las creencias visualizan y crean los pensamientos que a su vez se transforman en palabras. Las palabras son una vibración que produce la energía que te rodea.

La ciencia y la metafísica generalmente se consideran opuestos polares. La ciencia es experimental, práctica, rigurosa, empírica, materialista, objetiva e intelectual. La metafísica es espiritual, experiencial, abstracta, mística, efímera, interna, irreplicable, imprecisa, subjetiva, Cosmica, poco práctica e imposible de probar. La ciencia estudia el mundo de la materia mientras que la metafísica busca trascenderla". (Mind to Matter, Dawson Church)

Habla solamente cuando sea necesario. Reflexiona y piensa lo que vas a decir antes de abrir la boca. Sé breve y puntual ya que cada vez que pronuncias una palabra, dejas salir al mismo tiempo una parte de ti. Muchas veces la mejor palabra fue la que nunca se dijo. De esta forma aprenderás a desarrollar el arte de hablar sin perder energía. *"No deis lo santo a los perros, ni echéis vuestras perlas delante de los cerdos, no sea que las pisoteen, y se vuelvan y os despedacen."* (Mateo 7:6)

¿Alguna vez has notado que cuando estás enojado las cosas dejan de fluir y van mal y aun la gente que te rodea se enoja también contigo? No te quejes y nunca utilices en tus vocablos palabras que proyecten imágenes negativas porque se reproducirán alrededor de ti y en todo lo que has producido con tus palabras cargadas de negatividad. Si no tienes nada positivo, verdadero y útil qué decir es mejor quedarse en silencio y no decir nada. Aprende a ser como la imagen de un espejo que siempre refleja exactamente lo que recibe y lo convierte en energía.

Tus pensamientos, creencias y palabras producen una substancia, la frecuencia y el canal de la energía que las personas pueden percibir, sentir y reaccionar. Si tú crees que nadie te quiere, entonces emites una frecuencia negativa y como consecuencia la gente se alejará de ti. Por el contrario, cuando la gente siente una energía positiva en ti y sienten un genuino interés por ellos, se sentirán confortados y atraídos a ti.

¿Alguna vez has estado cerca de alguien que es agradable y lleno de amor?

Es una energía que se puede sentir. La energía del amor es la máxima frecuencia y es una atracción poderosa para el bienestar de tu vida. Después de todo, Dios es amor. La fe se utiliza para provocar la manifestación de cambios permanentes, tanto para la sanidad física, como espiritual y aun financiera. Eso es porque las palabras llenas de fe producen que transformes la energía en la materia. Las palabras son el catalizador que a su vez hacen que la sustancia invisible de la fe se manifieste físicamente. Es decir la fe es la materia prima que plantadas en tu mente y en tu corazón producen todo lo que existe en el mundo visible y material. Es pues la fe la sustancia, la materia prima invisible, más poderosa en la creación del universo. *"Es, pues, la fe la certeza de lo que se espera, la convicción de lo que no se ve. Por la fe entendemos haber sido constituido el universo por la palabra de Dios, de modo que lo que se ve fue hecho de lo que no se veía."* (Hebreos 11:1,3)

La fe es la sustancia invisible con que el mundo físico fue creado y así es como Dios usó la fe como la sustancia y la energía de sus palabras para crear el universo. El habló y con la vibración sonora de sus palabras puso en libertad a la sustancia, el elixir de vida que creó todo lo visible y lo transformó en las estrellas, los planetas, el ser humano, los animales, la naturaleza y todo lo existente. Todo acto de fe nos producirá una bendición. Todo se reproduce según su propia naturaleza. Sabemos que esto es un principio universal. Lo mismo sucede cuando sembramos los tres elementos más poderosos del universo: la fe, la esperanza y el amor.

Si logras llenar tu mente y tu corazón con ellos serás imbatible y crearás un futuro brillante. Las palabras llenas de fe producen resultados maravillosos. Si tú crees en ser un triunfador entonces serás un triunfador.

Inicialmente tus deseos tienen que ser fecundados en tu mente imaginándolos. Ahora estarás visualizando escenas vinculadas con logros de objetivos personales, sonriente, sólido, seguro y estos se volverán pensamientos permanentes.

El Creador del universo dijo: *"Porque de cierto os digo que si tenéis fe como un grano de mostaza, diréis a este monte: "Pásate de aquí, allá"; y se pasará. Nada os será imposible."* (Mateo 17:20)

El pensamiento, la palabra y la acción
La mente, el gran poder de su creador

Las leyes del universo y el reino de los cielos rigen el mundo material y aun no tienen una explicación científica y racional para la compresión en la mente del hombre. Las leyes dentro de nuestro planeta tierra y toda la materia existente en el universo se manifiestan en sus tres estados, es decir sólido, líquido y gaseoso. Estos estados sí tienen el día de hoy una explicación científica y racional. También todos los elementos de la naturaleza misma que están sometidos a las leyes de la física elemental: la gravedad, el tiempo, el peso, la forma, la distancia. Todos estas leyes están regidas y bajo el dominio de estos principios celestiales que se manifiestan en el mundo material. Sin embargo las leyes celestiales van más allá de simplemente operar y dirigir el mundo existente y material a nivel físico. El reino de los cielos no tiene explicación científica y racional para la compresión en la mente del hombre natural pues están en un universo y principios superiores que son la base de la creación de todo lo existente en el universo.

Observemos el principio de la creación en el libro de los orígenes. *"Y dijo Dios: Sea la luz; y fue la luz."* ... *"Después dijo Dios: Produzca la tierra hierba verde, hierba que dé semilla; árbol de fruto que dé fruto según su género, que su semilla esté en él, sobre la tierra. Y fue así."* ... *Dijo luego Dios: Haya lumbreras en la expansión de los cielos para separar el día de la noche; y sirvan de señales para las estaciones, para días y años, y sean por lumbreras en la expansión de los cielos para alumbrar sobre la tierra. Y fue así. E hizo Dios las dos grandes lumbreras; la lumbrera mayor (el sol) para que señorease en el día, y la lumbrera menor (la luna) para que señorease en la noche; hizo también las estrellas."* (Génesis 1:3, 14-16)

Dios habló y creó lo material de lo que no se veía y lo trajo a la existencia por medio de Su Palabra.

La mente y el pensamiento son intangibles y se manifiestan en el mundo material por medio de la palabra hablada que son vibraciones invisibles que obviamente tienen un efecto sobre la manifestación o el cambio de la materia. Las leyes fundamentales de la física, específicamente la gravedad dice que un hombre de 170 libras no puede caminar por encima de la superficie del agua sin hundirse. Así que Jesús debe haber sabido una ley superior que reemplaza a la ley de la gravedad. Pedro pudo caminar por un poco de tiempo y después se hundió por su incredibilidad. La ciencia médica actual dice que los leprosos y lisiados no pueden ser sanados y restaurados inmediatamente y tener la salud perfecta en segundos o minutos y que tienen que tener un tratamiento para ver si se restauran y que eso lleva tiempo. Jesús no estuvo limitado por el tiempo, ni por el espacio y el pudo hacer que la manifestación de sus palabras actuaran inmediatamente. Observemos qué sucedió aquel día en que un centurión romano le pidió ayuda para sanar a un siervo suyo:

"Y Jesús fue con ellos. Pero cuando ya no estaban lejos de la casa, el centurión envió a él unos amigos, diciéndole: Señor, no te molestes, pues no soy digno de que entres bajo mi techo; por lo que ni aun me tuve por digno de venir a ti; pero di la palabra, y mi siervo será sano. Porque también yo soy hombre puesto bajo autoridad, y tengo soldados bajo mis órdenes; y digo a éste: Ve, y va; y al otro: Ven, y viene; y a mi siervo: Haz esto, y lo hace. ... Al oír esto, Jesús se maravilló de él, y volviéndose, dijo

*a la gente que le seguía: Os digo que ni aun en Israel he hallado tanta fe.
Y al regresar a casa los que habían sido enviados, hallaron sano al siervo
que había estado enfermo."* (Lucas 7:6-10)

Todas las leyes del tiempo, la materia y la distancia están sujetas
a El. Los científicos y hasta los niños pequeños saben que la materia
sólida no puede atravesar las paredes. Jesús después de su resurrección
traspasó las paredes. ¿Cómo se transforma la materia física en energía
que pasa a través de la materia como las ondas de radio que pasan a
través de las paredes de una casa?

Estos comportamientos parecen ser extraños por lo que
muchas personas optan por creer que no pueden suceder. No es
posible en el marco de la física, en el mundo en que vivimos que
suceda de una forma natural o sea que son catalogados como un
fenómeno sobrenatural.

Las leyes físicas que damos por seguras fueron reemplazados por
la persona de el Alfa y la Omega es decir Cristo y pueden ser reempla-
zadas y obsoletas por los principios del reino celestial. *"El que en mí
cree, las obras que yo hago, él las hará también; y aún mayores hará,
porque yo voy al Padre"* (Juan 14:12)

La comparación de la física cuántica con los principios espirituales da una nueva perspectiva y una manera diferente de visualizar y
pensar y abre un enfoque nuevo a la comprensión de la fe que mueve
montañas y a toda la materia. Jesús les dijo también una parábola:
*"Nadie corta un pedazo de un vestido nuevo y lo pone en un vestido
viejo; pues si lo hace, no solamente rompe el nuevo, sino que el remiendo
sacado de él no armoniza con el viejo. Y nadie echa vino nuevo en odres
viejos; de otra manera, el vino nuevo romperá los odres y se derramará, y
los odres se perderán."* (Lucas 5:36-38)

Cuando el Creador del universo nos dio vida, nos hizo con un
sello de autenticidad y somos una creación única. Nos hizo a su imagen y semejanza. No solo nos dio total potestad sobre todo lo creado
y lo existente sino además nos dio libre albedrio, es decir la libertad
para pensar, soñar, creer y crear y que todos esos sueños se vuelvan
realidad.

Mi amigo y tu amigo el creador del universo, el Alfa y la Omega pública y oficialmente lo ha anunciado: estamos aquí con un propósito, ese propósito es como un tesoro escondido.

¿Cómo es que ganas un galardón, una recompensa al encontrar un tesoro... si ese tesoro está dentro de ti?

Así es como comienzas a avanzar hacia tu máxima dimensión. Empiezas a entender con más claridad cómo es que el creador del universo te ha diseñado y cómo por medio de tu mente, corazón y la palabra puedes potenciarte. A partir de ese momento en que tú crees comienza un periodo de transición. Entonces eres vulnerable.

Pero el reconocimiento, el enlace, alineamiento y conexión de los tres elementos que son la esencia misma de la composición y naturaleza de Dios te facilitan grandemente el descubrimiento de tu propósito e identidad en esta vida.

Él es omnisciente, todo lo sabe, es omnipresente, está en todo lugar y es omnipotente, es todopoderoso.

Descubriremos el propósito de esta vida si establecemos contacto y permitimos que estos atributos divinos se manifiestan en nosotros los seres humanos como los tres componentes de la Santísima Trinidad: el Padre Eterno, El Espíritu Santo y Cristo "Adonaí", el Mesías.

Sin embargo, para ir en búsqueda del destino más brillante a veces tenemos que pasar por periodos o ciclos de transición provocados por la insatisfacción, haber tenido alguna pérdida o por la edad o el tiempo.

¿Cuáles son finalmente indicativos para una búsqueda más profunda para darle sentido a nuestras vidas? ¿Qué elementos son los detonantes?

Te enumeraré las tres principales razones por las que puedes reflexionar y preguntarte cuál es el propósito de su vida.

Insatisfacción: en tus relaciones personales, en tu trabajo, porque ya no existe esa chispa de la vida. Simplemente haces lo que haces pero sin realmente un propósito, solamente por rutina. Te quedaste sin gasolina, ya no existe la pasión, te falta el entusiasmo.

Pérdida: has sufrido algún tipo de pérdida y te preguntas ¿por qué razón pasó? Todos los seres humanos sufrimos pérdidas. Toda experimentamos sufrimiento en algún periodo de nuestra vida por haber perdido algo. Ya sea una relación de negocios, a una persona íntima, la salud, un trabajo, una pérdida económica. Siempre cuestionamos una pérdida a cualquier nivel. Debemos tener cuidado en cómo reaccionamos pues si lo hacemos de una forma negativa nunca creceremos. Pueden entrar las raíces de la amargura en nuestro corazón y esto es un veneno mortal que nos lleva a la oscuridad. Siempre ten presente que a los que aman a Dios todas las cosas les ayudan a bien aunque al presente no lo comprendamos y siempre será una nueva oportunidad para el descubrimiento de una nueva dimensión en la vida.

Edad, el tiempo: piensas que eres muy joven o que eres muy viejo para buscar tu propósito personal. Que no es el tiempo adecuado o estás muy ocupado con tu trabajo, tu familia, tus amigos, el deporte o tu educación. Lo más triste es llegar al final de la vida y no saber cuál es nuestro propósito, el sentido de tu mismo valor que va minimizándose hasta que se pierde la dirección en esta vida.

El encontrar propósitos de vida forma ese cordón invisible que te conecta con la omnipresencia de estos tres que son uno: tu diseñador personal, la Energía Suprema Universal, el Creador del Universo.

La mente
El pensamiento, la palabra y en la palabra de quién confías

Tu mente es el gran productor de tus emociones, decisiones y acciones en esta vida que determinarán cada día quién eres y en quién te convertirás. Tú eres lo que crees, tu mente proyecta tu propia imagen.

¿En la palabra de quien confías?

Fíjate en el proceso de vida. Observa cómo el bebé al venir a este planeta es totalmente indefenso y obviamente confía plenamente en la palabra de su madre, su padre, abuelos, tíos, hermanos y la gente más inmediata que le cuida y le protege. Desde el vientre materno está escuchando las voces y las palabras de sus padres quienes en condiciones normales le hacen sentir seguro, protegido y con sus necesidades básicas satisfechas. Conforme vamos creciendo todos los seres humanos pasamos por este proceso y confiamos plenamente en nuestros padres hasta que llegamos a la edad del cuestionamiento del por qué esto es así o por qué aquello es diferente.

Este cuestionamiento se vuelve más profundo y la única referencia de la verdad que tenemos es la veracidad de la palabra de quienes intervienen y tienen contacto con nosotros. Más adelante vendrán otras personas quienes nos plantearán nuevos interrogantes acerca de nuestra vida y nuestro porvenir: el amigo, el maestro, el político, el religioso y las personas que tengan influencia y autoridad sobre los diferentes aspectos de la vida y crecimiento humano a todo nivel.

Observa como en el mundo moderno se vive muy apurado y con prisa. Por eso es muy frecuente que se pierda el sentido de nuestra existencia. Fíjate cómo es que aun los hombres más despreciables lograron sus objetivos porque alguien confió en su palabra, aunque su final haya sido una tragedia.

Observa nuevamente a cada líder en la historia universal. Por ejemplo Adolf Hitler y como convenció al pueblo alemán y los llevó a la segunda guerra mundial. Esta fue totalmente devastadora para el pueblo alemán y también para el mundo entero y al final una gran catástrofe. Pensar que la lógica de su razonamiento fue: *mientras más grande sea la mentira más fácilmente la gente la creerá.* Como ya sabemos solo es cuestión de tiempo para que las fatales consecuencias de la mentira y del engaño cobren una gran factura de pérdida irremediable a todo nivel. Destruye pueblos, compañías, negocios, relaciones humanas, matrimonios y finalmente las mismas familias.

En realidad la manera en que invertimos nuestro tiempo se vuelve en dinero, la fuente de intercambio para la satisfacción de nuestras necesidades y de las personas que nos rodean. El modelo social hoy en día se nutre de la reverencia a la muerte y no el amor a la vida y la libertad. Fíjate como las cosas muertas, es decir sin vida han tomado control de las vidas de las personas en el mundo actual. Esto es claramente notorio en un sistema en el cual por ejemplo el dinero ha tomado total control de la vida, de tu tiempo, de tu esfuerzo, de tu labor, del pensamiento, de la educación, de nuestras relaciones interpersonales. El dinero en sí no tiene nada malo pues hoy en día es el fruto del tiempo invertido en nuestro trabajo. El principio más elemental nos enseña que siempre tendrás una cosecha de aquello que siembras. Conforme pasa el tiempo, en la medida que en tus palabras haya veracidad con tus seres queridos, es decir tus padres, tu pareja, tu familia, tus hijos, tus jefes, contigo mismo, te volverás un hombre íntegro y esto no tiene fecha de expiración es decir que dura para siempre.

Por el contrario el mentiroso solo puede mantener el engaño por medio de la manipulación y la compra económica de las personas que le rodean hasta que se vuelve insostenible y su fruto es destrucción. El que no es honesto consigo mismo no puede ser honesto con Dios ni con su familia ni con sus semejantes. Por el contrario, si eres honesto contigo mismo podrás ser honesto con Dios y tu prójimo.

Entonces, ¿cómo encontrar ese propósito e identidad que te llevarán a tu destino? Hay tres maneras que son las más elementales. Primero la información que te dan las personas que te rodean, la información que obtienes y que descubres a través de tu propia búsqueda como consecuencia de tu propio descubrimiento cuando comienzas a cuestionar e investigar por qué suceden los eventos y circunstancias en tu vida. También puedes encontrar orientación por medio de una persona que te desea el bien, que te respeta y te puede ayudar. Alguien te da apoyo y dirección para encontrar tu propósito, porque es un tutor, un mentor en tu vida, un padre verdadero. Otra forma es la disponibilidad y habilidad para hacer algo por alguien más, por una causa noble. Esa es la llave el estar dispuesto y abierto a cambiar simplemente por amor a otra persona, por superación personal, por una causa más grande que nosotros mismos.

El cuestionamiento de la razón y propósito de mi vida comenzó a través de tragedias de personas muy cerca de mí. Esto me llevó a preguntas más profundas sobre la vida, la muerte y que hay después de ella, el futuro. Entonces emprendí mi gran búsqueda hace más o menos cuatro décadas, durante las cuales los grandes descubrimientos vinieron como consecuencia de ir en busca del el Creador del universo, el Creador de las estrellas, el ser humano y todo lo existente. Está muy claro y lo declara en las Sagradas Escrituras, tanto en el primer pacto, el viejo testamento y ahora en el nuevo testamento dado a la humanidad: *"Y sabemos que a los que aman a Dios, todas las cosas les ayudan para su bien, esto es, a los que conforme a su propósito son llamados. Porque a los que antes conoció, también los predestinó para que fuesen hechos conformes a la imagen de su hijo, para que el sea primogénito entre muchos hermanos. Y a los que predestinó, a estos también justificó; y a los que justificó también glorificó ¿Qué, pues, diremos a esto? Si Dios es por nosotros, ¿quién contra nosotros?"* (Romanos 8:28-31)

"Porque no sujetó a los ángeles el mundo venidero, acerca del cual estamos hablando; pero alguien testificó en cierto lugar, diciendo: ¿Qué es el hombre, para que te acuerdes de él, o el hijo del hombre, para que le visites? Le hiciste un poco menor que los ángeles, le coronaste de gloria y de honra, y le pusiste sobre las obras de tus manos; Todo lo sujetaste bajo sus pies." (Hebreos 2:5-9)

Si no sabemos lo que poseemos, si desconocemos lo que es nuestro por herencia y legado divino, ¿cómo vamos a tomar lo que es nuestro?

Cuando encuentras ese propósito en tu vida comienza una época de descubrimiento y de transición. Comienzas a ir de un lugar a otro y tu identidad y carácter se va transformando al establecer poco a poco tu propósito de vida.

Pero no hay una receta. Tú eres la obra maestra del Creador del universo y solo tú puedes encontrarlo. Cuando no tenemos un propósito de vida estamos simplemente existiendo sin dirección. Somos realmente vagabundos sin destino pues no tenemos identidad. Ten presente que existe una luz inigualable para la autenticidad. Ni siquiera hay dos seres humanos con las mismas huellas digitales. Pero esa singularidad irrepetible en ti mismo no puede ser identificada sin el descubrimiento de tu propósito. Ese propósito de vida es la auténtica llave del tesoro, para el desarrollo del Creador del universo en tu interior. Es el detonante que despierta el entusiasmo y la pasión que te dará la energía. Conéctate con tu gran amigo y Creador. Mira lo que El te dice: *"Nadie tiene mayor amor que este, que uno ponga su vida por sus amigos. Vosotros sois mis amigos, si hacéis lo que yo os mando. Ya no os llamaré siervos, porque el siervo no sabe lo que hace su señor; pero os he llamado amigos, porque todas las cosas que oí de mi Padre, os las he dado a conocer."* (Juan 15:13-15)

Despierta y recibe la luz que te revelará ese propósito de vida. Entonces comenzarás a crecer y tu vida se fortalecerá hasta que brilles y reflejes la gloria celestial como las estrellas por la eternidad. Esto no solo afectará a todas las personas que te rodean en el presente, en lo temporal y tangible, sino también en el futuro y en lo eterno donde siempre existirás.

La eternidad ha llegado a su destino. Tu realidad está hecha por tus creencias. Tú eres lo que crees y tú producirás tu propia realidad.

Cada hombre es el creador de su propio destino.

3E

Los sueños, el tiempo y la eternidad

¿Cuál es el secreto más profundo en el corazón del hombre?
¿Cómo podemos conocer el pensamiento y el deseo?
¿Cómo visualizar nuestros sueños y materializarlos?
¿Cómo lograr que se vuelvan una realidad?
¿Qué son los sueños sino el espacio tiempo
que ocupa nuestro subconsciente?
¿Cómo conocer el vínculo secreto entre los
sueños, el tiempo y la eternidad?

Cualquier creencia sobre el futuro debe comenzar con el gran interrogante humano de su propia existencia y la de sus semejantes. El ser humano, el hombre de todas las épocas, civilizaciones, razas y culturas está ligado a sueños de visionarios buscando la solución a un problema y visualizando el futuro.

Los sueños ocupan todas las realidades posibles, tanto tangibles y materiales como intangibles y psicológicas, paralelas o interceptas de nuestra concepción de la vida con su continua concurrencia de hechos, pensamientos, percepciones y estímulos de las propias experiencias.

¿Cómo crear y encontrar en tus propios sueños guía para el futuro y tu porvenir?

Cada individuo nace y crece con un sueño en su vida. Tal vez no puedas describirlo pero esos sueños están muy dentro de tu corazón.

¿Acaso es esto en realidad algo paradójico, cuestionable? ¿O es algo que siempre ha sucedido desde el principio de la humanidad y ahora en esta época es su manifestación más plena y es accesible para todos pero no lo sabemos?

Los sueños son más bien el gran libertador de la cadena de las leyes físicas y espirituales. Es la fuente de la libertad que está sujeta bajo su dominio y sin embargo puede ser muy inestable al entrar en contacto con la realidad.

Tú eres la única persona con un sueño como el tuyo. Recuerda que el sueño de cualquier persona se puede morir al no estar en movimiento. En la vida de un soñador siempre hay actividad respecto a ese gran sueño. Todo gran sueño es como una semilla que al sembrarse toma mucho cuidado y tiempo para que se desarrolle hasta convertirse en un árbol frondoso que da mucho fruto permanentemente.

Los sueños de José lo llevaron por una aventura de fe fantástica que sufrió varias transiciones muy fuertes. Fue vendido como esclavo por sus propios hermanos y así llegó a Egipto. Allí fue acusado injustamente por la mujer de su patrón y fue a la cárcel. A través de estas y muchas más adversidades que supo resolver sin perder la fe o amargarse y sobre todo por nunca perder su integridad y sus sueños fue como con el pasar del tiempo logró que estos se volvieran realidad. Cuando eventualmente llegó a la cúspide del poder, antes de una gran sequía que vendría después de una época de gran prosperidad y abundancia, José supo preparar a un gran imperio y aun salvar a su familia. Todo fue por sus sueños que pasaron la prueba del tiempo y la adversidad pero siempre llegaron a su realidad y a una gran recompensa visionaria.

"Y dijo José a sus hermanos: Yo soy José; ¿vive aún mi padre? Y sus hermanos no pudieron responderle, porque estaban turbados delante de él. Entonces dijo José a sus hermanos: Acercaos ahora a mí. Y ellos se

acercaron. Y él dijo: Yo soy José vuestro hermano, el que vendisteis para Egipto. Ahora, pues, no os entristezcáis, ni os pese de haberme vendido acá; porque para preservación de vida me envió Dios delante de vosotros. Pues ya ha habido dos años de hambre en medio de la tierra, y aún quedan cinco años en los cuales ni habrá arada ni siega. Y Dios me envió delante de vosotros, para preservaros posteridad sobre la tierra, y para daros vida por medio de gran liberación. Así, pues, no me enviasteis acá vosotros, sino Dios, que me ha puesto por padre de Faraón y por señor de toda su casa, y por gobernador en toda la tierra de Egipto. Daos prisa, id a mi padre y decidle: Así dice tu hijo José: Dios me ha puesto por señor de todo Egipto; ven a mí, no te detengas. Habitarás en la tierra de Gosén, y estarás cerca de mí, tú y tus hijos, y los hijos de tus hijos, tus ganados y tus vacas, y todo lo que tienes. Y allí te alimentaré, pues aún quedan cinco años de hambre, para que no perezcas de pobreza tú y tu casa, y todo lo que tienes. He aquí, vuestros ojos ven, y los ojos de mi hermano Benjamín, que mi boca os habla. Haréis, pues, saber a mi padre toda mi gloria en Egipto, y todo lo que habéis visto; y daos prisa, y traed a mi padre acá. Y se echó sobre el cuello de Benjamín su hermano, y lloró; y también Benjamín lloró sobre su cuello. Y besó a todos sus hermanos, y lloró sobre ellos; y después sus hermanos hablaron con él. Y se oyó la noticia en la casa de Faraón, diciendo: Los hermanos de José han venido. Y esto agradó en los ojos de Faraón y de sus siervos. " (Génesis 45:3-16)

¿Qué necesitas tú para desarrollar tus sueños? ¿Qué necesitas tú para poder visualizar el futuro que puede traernos temor a nuevos desafíos al enfrentarnos a lo desconocido?

Todos experimentamos momentos de temor que nos paralizan y nos dejan inmóviles. La única manera de vencer el temor es remplazarlo por coraje y decisión. No es que no haya temor. Lo reemplazamos por la determinación de actuar a pesar de ello. Lo primero que se debe desarraigar es el temor para poder avanzar en la dirección adecuada.

Pero primero tienes que visualizar ese sueño y tener una fotografía mental de ese objetivo sin nunca perder el enfoque. Hasta que descubras que lo que antes eran tus límites trazados por el temor son nuevas dimensiones conquistadas con determinación y valentía. Esto sucede cuando tu relación íntima con tu creador depende únicamente de la confianza plena del carácter divino de Dios pues El es el creador también de tus sueños y El te los revela mientras duermes. *"Sin embargo, en una o en dos maneras habla Dios; Pero el hombre no entiende. Por sueño, en visión nocturna, cuando el sueño cae sobre los hombres, cuando se adormecen sobre el lecho, entonces revela al oído de los hombres, y les señala su consejo."* (Job 33:14-16)

Así fue como comenzó la historia del hombre más sabio y rico de la historia, el rey Salomón. *"Y se le apareció Dios a Salomón en Gabaón una noche en sueños, y le dijo Dios: Pide lo que quieras que yo te dé. Y Salomón dijo: Tú hiciste gran misericordia a tu siervo David mi padre, porque él anduvo delante de ti en verdad, en justicia, y con rectitud de corazón para contigo; y tú le has reservado esta tu gran misericordia, en que le diste hijo que se sentase en su trono, como sucede en este día. Ahora pues, Dios mío, tú me has puesto a mí tu siervo por rey en lugar de David mi padre; y yo soy joven, y no sé cómo entrar ni salir. Y tu siervo está en medio de tu pueblo al cual tú escogiste; un pueblo grande, que no se puede contar ni numerar por su multitud. Da, pues, a tu siervo corazón entendido para juzgar a tu pueblo, y para discernir entre lo bueno y lo malo; porque ¿quién podrá gobernar este tu pueblo tan grande? Y agradó delante del Señor que Salomón pidiese esto. Y le dijo Dios: Porque has demandado esto, y no pediste para ti muchos días, ni pediste para ti riquezas, ni pediste la vida de tus enemigos, sino que demandaste para ti inteligencia para oír juicio, he aquí lo he hecho conforme a tus palabras; he aquí que te he dado corazón sabio y entendido, tanto que no ha habido antes de ti otro como tú, ni después de ti se levantará otro como tú. Y aun también te he dado las cosas que no pediste, riquezas y gloria, de tal manera que entre los reyes ninguno haya como tú en todos tus días. Cuando Salomón despertó, vio que era sueño; y ese sueño se cumpliría a través de su vida."* (1 Reyes 3:5-15)

Entonces ¿cuál es tu sueño? Seguramente cobrará vida cuando lo descubras más profundamente al dar respuesta a las siguientes preguntas:

¿Cuál es tu deseo más dominante, por el que entregarías todas tus fuerzas por obtener?

¿Qué es lo que más te hace sentir realizado?

¿Qué es aquello o quién es aquel que siempre has admirado?

¿Qué es lo que te hace trascender?

¿Qué es lo que más amas en tu vida?

Uno de los pintores y exponentes del arte más reconocido de todas las épocas fue sin duda Salvador Dalí. El aprendió a penetrar en su subconsciente y plasmar sus sueños en sus magistrales obras pictóricas desarrollando un estilo único y ser el mayor representante del surrealismo, el cubismo, el purismo y el futurismo. El surrealismo es un movimiento pictórico del siglo veinte que se caracterizó por plasmar objetos e imágenes sutilmente relacionadas dando lugar a escenas oníricas, es decir, que reflejan los sueños y visiones en obras pictóricas. Cuando visité su casa museo de Portlligat en el mar mediterráneo donde trabajó y vivió hasta 1982 me sorprendió sobremanera su forma de encontrar inspiración para sus pinturas. El se ejercitó en tomar una siesta y tener una manzana en su mano. Al momento de esta caérsele se despertaba y esos sueños los plasmaban en sus cuadros.

Él se describe así mismo como un paladín de un nuevo renacimiento que se niega a ser confinado. Él decía «mi arte abarca la física, las matemáticas, la arquitectura, la ciencia nuclear, la psiconuclear, la mística, la joyería». El conocimiento de la unión entre el tiempo y el espacio penetró en su conciencia desde su niñez y así aprendió a realizar sus sueños.

Para poder realizar ese sueño se necesita primero tener una visión, una fotografía mental de lo que concibes para luego implementarlo en planos, en pinturas, en un invento, en un plan administrativo de una empresa o de un negocio y finalmente ejecutarlo y conseguir su materialización. Cuando haces un edificio primero lo concibes en tu mente y tienes una idea del mismo. Luego lo viertes en papel y haces la planta arquitectónica, las elevaciones, la perspectiva hasta que con su construcción toda la idea adquiere las tres dimensiones con la altura, el ancho y la profundidad de cada uno de sus elementos. La creatividad se basa en no dejarte poner límites y conservar un enfoque permanente de ese objetivo en tu mente.

El tiempo para realizar cada sueño tiene un momento oportuno en que todos los elementos coinciden para ser desarrollado y así poder completarlo.

Tú tienes las llaves para tus propios sueños y el futuro. Ahora es el momento oportuno para cumplirlos. *"Y en los postreros días, dice Dios, derramaré de mi Espíritu sobre toda carne, y vuestros hijos y vuestras hijas profetizarán; vuestros jóvenes verán visiones, y vuestros ancianos soñarán sueños; y de cierto sobre mis siervos y sobre mis siervas en aquellos días derramaré de mi Espíritu, y profetizarán. Y daré prodigios arriba en el cielo, y señales abajo en la tierra."* (Hechos 2:17-19)

3ε

EL ESPACIO, LA MATERIA Y EL TIEMPO

Somos el universo

El universo es energía pura, la energía del amor

¿Cómo llegar a alcanzar el cielo, las estrellas y formar parte del universo entero con tu espíritu y mente y al mismo tiempo mantener el cuerpo y los pies sobre la tierra?

El universo es energía. Nuestros pensamientos transforman esa concentración de energía creando nuestra realidad en el núcleo de nuestro ser. Somos uno con el planeta tierra, el universo y la omnipresencia del Altísimo. La separación sólo existe por un sistema de creencias que hemos adquirido colectivamente durante miles de años. En verdad que somos uno con el cosmos universal. La verdadera mente, el alma y la conciencia no está localizada más cerca de mi cuerpo que del universo. Las partículas o rayos de luz, fotones, que proyecta el haz del sol están a miles de millones de años luz de distancia de mi cuerpo en un instante. El poder del universo descrito en los cielos habla a la humanidad de la omnipotencia de su Creador.

Esto es posible porque mi cuerpo y el sol forman parte del mismo universo, un enorme campo de la existencia. Muy recientemente en el siglo veinte dijo Albert Einstein: «no hay ningún átomo, sólo hay campo. Nada existe fuera de este campo todo es el campo.»

También nosotros estamos hechos de la misma materia. Lo que llamamos materia es esencialmente no-materia. Incluso si nuestros sentidos físicos no están de acuerdo con eso. El sol es mi cuerpo, el planeta tierra y las estrellas son mi cuerpo. Yo no puedo vivir sin ellos. Son necesarios para que a mi cuerpo funcione bien, tanto mi corazón, como mis pulmones y aun mis riñones. Ahora en el siglo veintiuno estamos comenzando a entender la energía en términos de frecuencia. Esto lo visualizó Max Plack padre de la física cuántica con la fórmula $E = hv$. Es decir que todo en el universo está compuesto por vibraciones en diferentes frecuencias. La física descubrió y confirmó la creencia de Plack. Cuando te sintonizas con la vibración del elixir de amor simplemente te estás alineando a la transferencia máxima de energía.

La palabra de la física cuántica parece ser tan extraña que confunde nuestra experiencia de vida convencional del espacio y el tiempo. La materia física se compone en realidad de cadenas de energía. Lo que se mide como moléculas pesadas son en realidad cadenas de energía en movimiento rápido. Cuanto más específico es el estudio científico, más nos indica que es energía pura.

Albert Einstein dijo: "Un ser humano es parte del todo, llamado por nosotros Universo; una parte limitada en tiempo y espacio. El Hombre experimenta a sí mismo, sus pensamientos y sentimientos como algo separado del resto, una especie de delirio óptico de su conciencia". Cuando comenzamos a liberarnos de este cautiverio, entonces comenzamos a abrazar la libertad. "entonces expandimos nuestra conciencia para interactuar con la energía del universo y abrazar a todas las criaturas vivientes y a toda la Naturaleza".

El físico ganador del Premio Nobel Eugene Wigner dice que "el estudio mismo del mundo externo llevó a la conclusión científica de que el contenido de la conciencia es una realidad última".

A medida que nos alineamos con nuestra mente local individual con la conciencia del universo, "La más alta energía", entonces lo que podemos crear superará cualquier cosa que nuestra mente limitada pueda incluso soñar.

La vida en sí contiene diversos niveles, leyes y principios fundamentales que son permanentes, cíclicos y se extienden por toda la eternidad. El descubrirlos puede cambiar radicalmente la dirección de tu vida, ahora mismo y aún mejor, para siempre.

El sol es una estrella que se encuentra en el centro del sistema solar y constituye la mayor fuente de radiación electromagnética y energía en este sistema planetario. La tierra, los otros planetas, astros, meteoritos, cometas y polvo, giran alrededor del sol. La distancia del sol a la tierra es alrededor de 149.600.000 kilómetros y su luz recorre esta distancia en aproximadamente siete u ocho minutos. La energía del sol, en forma de luz solar sustenta casi todas las formas de vida en la tierra a través de la fotosíntesis y determina el clima de la tierra y la meteorología.

El sol es la estrella del sistema planetario en el cual se encuentra la tierra. Es el astro con mayor brillo aparente. Su visibilidad en el cielo determina respectivamente el día y la noche en diferentes regiones de diferentes planetas. En la tierra la energía radiada por el sol es aprovechada por los seres fotosintéticos que constituyen la base de la cadena trófica, la nutrición en todas sus escalas, siendo así la principal fuente de energía de la vida. También aporta la energía que mantiene en funcionamiento los procesos climáticos. El sol junto con todos los cuerpos celestes que orbitan a su alrededor, incluida la tierra forman el sistema solar.

El gran cuestionamiento sobre la procedencia del auténtico poder, de la energía suprema que gobierna el universo es uno de los mayores malentendidos. Primero tenemos que comprender que la misma naturaleza humana tiene tanto una parte física como una parte espiritual.

En nuestra realidad tenemos la parte tangible que es gobernado por el poder político que rige la parte física, nuestro cuerpo, es decir el aspecto material y el poder religioso que rige la parte intangible, que es nuestro espíritu. Ahora bien el poder humano en todas sus manifestaciones y en sus diversas formas ha caído al estado fallido por los abusos que han mancillado su uso y que han ultrajado al hombre, a la naturaleza y al universo entero.

El poder político es la capacidad de forzar a otros abierta o encubiertamente. Este poder reside en la posición que ocupa un rey, un presidente, un gobernador o simplemente alguien con el poder del dinero. La coacción política y económica es utilizada por los gobiernos o por grandes corporaciones como herramienta principal para establecer su poder normativo capaz de legitimar condiciones del poder público. Estos usarán la coacción para imponer un determinado cumplimiento legal. Esta misma coacción también existe en las religiones que rigen tanto el espíritu como los aspectos financieros usando técnicas más sutiles para confinar a las personas. Cualquier forma de pensamiento que limite tu capacidad de elección y tu libre albedrío no importa cuán ataviada esté, ya sea con vestiduras sagradas o de coacción política, está limitando tu transformación y te roba el espacio vital para trascender.

Como podemos observar este poder terrenal oscurantista no procede necesariamente de la virtud. La historia nos muestra invariablemente que personas malvadas, avariciosas, muchas veces necias y violentas han ocupado repetida y constantemente estos puestos. El poder político no tiene ningún vínculo ni relación con la sabiduría o la bondad del individuo. Personas verdaderamente malvadas, ignorantes y prepotentes han sido reyes, presidentes y representantes en cualquier capacidad del poder político / económico.

El universo mismo es el mejor ejemplo de un espejo que la madre naturaleza nos ha dado. El universo recibe y acepta sin condiciones nuestros pensamientos, nuestras palabras, nuestras acciones y nos envía el reflejo de nuestra propia energía bajo la forma de las diferentes situaciones que se presentan en nuestra vida.

Si te identificas con el éxito, cosecharás el éxito. Si te identificas con la frustración y el fracaso, cosecharás el fracaso. Así podemos observar que las circunstancias que vivimos son simplemente manifestaciones externas del contenido de nuestra ser interior. Aprende a integrarte y ser uno con el universo escuchando y reflejando la energía sin emociones negativas y sin prejuicios. Sé discreto, preserva tu vida íntima. De esta manera te liberas de la opinión de los demás y llevarás una vida tranquila volviéndote invisible, misterioso e indefinible.

No permitas la competencia con los demás. Vuélvete como la tierra que nos nutre y que siempre nos da lo que necesitamos. Ayuda a tus semejantes a percibir sus cualidades, a descubrir sus virtudes, a encontrar la luz y brillar. El espíritu mercantilista y competitivo hoy en día hace que crezca desbordadamente el ego y al final siempre crea conflictos. Desarrolla y encuentra tu propia identidad, eso te dará confianza en ti mismo. Evita entrar en la provocación y en las trampas de los demás. No te comprometas fácilmente.

Si actúas de manera precipitada sin tomar conciencia profunda de la situación te vas a crear complicaciones. La gente en realidad no tiene confianza en aquellos que muy fácilmente se comprometen y dicen que sí sin ninguna convicción. Saben que ese famoso sí no es sólido y no tiene ningún valor. Toma un momento de silencio interno para considerar todo lo que se presenta y toma tu decisión después. Así desarrollarás la confianza en ti mismo, la reflexión y la sabiduría.

El hecho de no saber es muy incómodo para el ego porque le gusta saber todo, siempre tener razón y siempre dar su opinión muy personal. En realidad el ego no sabe nada, simplemente hace creer que sabe. Evita el hecho de juzgar y de criticar. *"No juzguéis, para que no seáis juzgados. Porque con el juicio con que juzgáis, seréis juzgados, y con la medida con que medís, os será medido."* (Mateo 17:1-2)

Juzgar es una pérdida de energía y una manera de esconder nuestras propias debilidades. El sabio guardará silencio, tolerará todo y no dirá ni una palabra. Recuerda que todo lo que te molesta de los otros es una proyección de todo lo que todavía no has resuelto de ti mismo. Deja que cada quien resuelva sus propios problemas y concentra tu energía en tu propia vida. Ocúpate de tu desarrollo personal, no te defiendas. Cuando tratas de defenderte en realidad estás dándole demasiada importancia a las palabras de los otros y le das más fuerza a su agresión. Si aceptas el no defenderte estás mostrando que las opiniones de los demás no te afectan, que son puramente opiniones personales sin ninguna validez. El silencio interno es tu mejor arma y te vuelve impenetrable. Es necesario aprender a desarrollar el arte de no hablar. Este es un ejercicio para conocer y aprender a conocer el universo ilimitado en lugar de tratar de explicarlo con tus propias palabras.

El estancamiento y la falta de movimiento corrompen. Es como el agua inmóvil. Si la tomas te va a enfermar y finalmente si se queda estancada permanentemente causará la muerte a todo ser viviente que la consuma.

Ahora bien la energía más poderosa en el universo es el amor y procede del poder divino que se manifiesta por medio de la virtud, la vida, el constante movimiento y el crecimiento. Observa la naturaleza. Su desarrollo es gradual pero constante y se manifiesta de una forma ordenada y cíclica. Observa el universo. Todos los planetas están en constante movimiento y siguiendo un ciclo, un tiempo preciso en cada uno de sus movimientos permanentes pero imperceptibles para el ser humano.

Este proceso de metanoía y evolución personal es dinámico. La transformación es un movimiento interior para no estancarse y seguir en crecimiento. Dentro de esta dinámica tenemos que empezar por aprender a perdonarnos a nosotros mismos y por supuesto también a los demás. El auto perdón se inicia con un proceso de conocimiento de nuestro interior en el cual necesitarás examinar y comprender tu propia vida, tu propia historia. Las respuestas se generan de forma automática y están gravadas en el subconsciente, en nuestra mente. Es necesario que tomes conciencia de que vives de una manera aprendida que te lleva a generar determinados pensamientos y reacciones. Estos crean emociones que se expresan en tu mente y corazón y se manifiestan en tu mismo aspecto físico. Todo esto ocurre en fracciones de segundos. Cada vez que te enfrentas a una nueva situación tu mente funcionará como un archivo de computadora, como un escáner. La evaluará e inmediatamente buscará la respuesta dentro de las que tiene almacenadas y se pondrá en marcha un circuito eléctrico. El alma es la parte creadora, la mente es quien produce el pensamiento, la intención de las emociones y la actitud y finalmente el cuerpo se encarga de la acción.

Pensamiento, emoción, repuesta

La consciencia, el alma ilumina e inspira a la mente, la mente es el control eléctrico que dirige las emociones, las emociones pugnan por manifestarse e impulsan al cuerpo a tomar acción. Nuevamente en el nivel espiritual se genera el propósito que envía señales para que la mente defina las ideas y la parte física las ejecute.

Por ejemplo si de niño tu mente percibió que te trataban mal y eras desvalorizado, tu autoestima estará muy baja y si aún como respuesta a eso siempre hiciste grandes esfuerzos para que te apreciaran, cada vez que te expongas a una evaluación, ya sea de trabajo o en cualquiera de tus relaciones personales, tu mente inmediatamente te dirá que no vales nada, causándote una sensación desagradable en tu interior y como reacción tendrás la necesidad de esforzarte. Peor aún quizás te culpes por no ser un buen padre, madre, hijo, pareja o profesional. Ese sentimiento de culpabilidad buscará un castigo, encontrarás la manera de ejecutar la sentencia y lo harás tú mismo o permitirás que otro lo haga.

Tenemos que aprender a entender e interpretar la vida de una nueva manera. Este nuevo conocimiento lleva consigo una nueva luz en la caduca vieja visión de la vida intoxicada y decadente que separa al ser humano y fractura al espíritu de la materia. Somos parte de la tierra, de las estrellas y el sol. De allí es donde venimos en nuestra estructura física. En realidad conformamos una sola unidad que nos obliga a ser, vivir, compartir y comulgar con ella. Situar nuestra condición humana con la naturaleza y el universo quiere decir tener conciencia de nuestra unidad, que como seres vivos somos copartícipes creadores de la vida conjuntamente con las estrellas y la madre naturaleza para vivir plenamente con amplitud y hermandad. Este nuevo conocimiento nos permite situar y relacionar la condición humana con el universo aquí en la tierra y en todos los aspectos de la vida.

Según este pensamiento cósmico universal el significado de la existencia y de la vida misma consiste en relacionar la conciencia más pequeña con la conciencia más grande: el ser humano con el universo. Entonces se relaciona la conciencia más profunda, con el pulso más tierno del espíritu cósmico.

En el pensamiento maya el agua, el calor es decir el sol, la tierra y el aire, en sus diversas manifestaciones son quienes constituyen la verificación cotidiana de que el universo es un ser vivo y sagrado. Uno de los mayores logros de la cultura maya es el calendario, una maravilla de la humanidad. Este correlaciona a tres calendarios entre sí que consta de tres elementos: el cósmico, el físico y el espiritual.

Sin embargo en la actualidad a pesar del gran avance tecnológico y científico de la humanidad que han llevado al hombre a la luna, marte y otros planetas, nos hemos encontrado con algo impactante y sorprendente. Observar la tierra desde el espacio nos ha permitido comprender que nuestro planeta no es una estructura muerta, sino viva, y ahora está siendo explotada, contaminada y saqueada al mejor postor.

A través de la historia de la humanidad los tiranos han explotado la facultad del poder por medio de la política, la economía de guerra y la religión. Estas han sido las herramientas con las que han sometido a los hombres hasta llevarlos a su misma sobre explotación y destrucción por medio de ideologías políticas y creencias religiosas ocasionando todas las guerras, los crímenes, las persecuciones, las enfermedades. Esto lo descubriremos al estudiar pasajes de la historia universal que han marcado el destino de la humanidad.

Nuestros accidentes y caídas en realidad nos llevan hacia arriba pues nos ayudan a reconocer nuestras limitaciones y ellas nos acercan a nuestro Creador. Atrévete a descubrir quien realmente eres tú. La clave es reconocer que nada nos pertenece. Entonces serás amo de todo y nunca más serás cautivo de la tristeza y el temor.

La gravedad es la fuerza, el magnetismo que nos mantiene con los pies sobre la tierra y en su sentido más literal. Los animales, todas cosas creadas, aun los hombres estamos imanados al centro de la tierra. En realidad, no sabemos concretamente como sucede. No obstante llamamos así a la fuerza que atrae a dos cuerpos, uno hacia el otro. Es la fuerza que no permite que toda la materia se caiga desordenadamente. Es la fuerza que hace que los planetas orbiten alrededor del sol. Se trata de una de las interacciones elementales del universo y mientras más grande sea un objeto mayor será esa fuerza, mayor atracción gravitacional habrá.

Dicho de otro modo podemos definir la gravedad como un campo de influencia porque así lo observamos en el universo. Pese a que muchos científicos aseguran que tiene cierta composición afirmando que está hecha de partículas llamadas gravitones que viajan a la velocidad de la luz, en realidad no sabemos qué es ni cómo está compuesta realmente. Sólo conocemos su comportamiento y la forma que funciona.

He mencionado en cada libro sobre la poderosa ley de la atracción. Todo pensamiento vibra, todo pensamiento irradia una señal y todo pensamiento atrae una señal que se corresponde con él. Este es el proceso en el cual todo lo que se asemeja se atrae.

Sólo tienes que activar tú consciencia para que tú misma experiencia te haga producir deseos con esas vibraciones y frecuencias. Debes mantenerte alineado con el ritmo, el momento y la armonía de esos deseos a fin de captar su manifestación.

Aquello donde pones todo tu enfoque, a lo que prestas atención hace que emitas una frecuencia. Las vibraciones que ofreces equivalen a lo que pides, a tu punto de atracción. Si en estos momentos deseas algo que no posees, sólo tienes que centrar tu atención en ello y lo obtendrás porque cuando pienses en ese objeto o experimentes lo que deseas, emites la vibración en una frecuencia específica que atrae ese objeto o esa experiencia que deseas.

Ninguno de nosotros tiene conciencia de la fuerza de gravedad que el sol ejerce sobre nuestro planeta y ello se debe a la enorme distancia que existe entre la tierra y esta gran estrella. Sin embargo esa fuerza es la que mantiene a nuestro planeta orbitando en el sistema solar y esa fuerza es la que mantiene a la luna girando alrededor de la tierra. También existe la gravedad lunar, de la cual no somos conscientes, pero podemos apreciar su comportamiento si tenemos en cuenta los efectos que ésta produce en todas las mareas en el inmenso mar.

Ahora bien, también está el polo opuesto. Cuando centras tu atención en el hecho de algo que no tienes, la ley de atracción seguirá respondiendo a la vibración de que no lo tienes de forma que seguirás sin obtener lo que deseas.

Tienes que aprender a prestar atención a lo que sientes, a la pureza de tus emociones. Te será fácil averiguar si diriges tu atención a tu deseo y objetivo o a la ausencia de él. Cuando tus pensamientos coinciden a nivel vibratorio con tu deseo te sientes bien, la frecuencia de tus emociones pasan de la expectación al anhelo y a la tranquilidad de recibir por fe lo esperado y esto te causa gran gozo.

"La esperanza que se demora es tormento del corazón; Pero árbol de vida es el deseo cumplido." (Proverbios 13:12)

La emoción es lo que prepara al cuerpo para la acción. La emoción es el principio de un proceso que se manifiesta por medio de la acción. Una vez que las emociones existen, es entonces que comienzan a pugnar por transformarse en acción. Cuando consigo transformar mis emociones en acciones congruentes estas me pondrán en la dirección adecuada y en contacto con el objeto anhelado, la meta trazada o la persona deseada.

Pero si tú le das más atención a la falta o a la ausencia de lo deseado, la vibración y frecuencia de tus emociones proyecta una señal negativa que engendra y atrae el pesimismo. El albergar sentimientos de crítica destructiva, celos e irritación respecto a las acciones positivas y logros de otras personas puede causar tanto daño como aquellos cuya malicia es intencional. Las murmuraciones y las quejas son muy destructivas pues traen como consecuencia la preocupación, el desánimo, la ira, la inseguridad y la depresión.

Según la poderosa ley del gran imán, atraes hacia ti la esencia de lo que ocupa predominantemente tus pensamientos. Preocuparse es utilizar tu imaginación para crear algo que no deseas, por lo tanto no debes irritarte sino calmarte para que tus vibraciones sean positivas, entendiendo que a la larga el bien o el mal siempre regresan al que lo creó y lo causó. Lo negativo y oscuro además puede producir deterioro mental, letargo espiritual, enfermedad y aun la muerte física.

Es necesario que vibre el gozo, el puro deseo, comprender la necesidad de atraer el gran designio de Dios. La conciencia debe permanecer pura, saturada de amor, consciente del infinito potencial de la mente cósmica universal divina y completamente identificada con los principios de crear la vida, propagarla y protegerla. Entonces producirás la frecuencia con la imagen de lo que quieres que te llegue. Cuando tú creas éxito, amor, salud o cualquier otra cosa positiva para otra persona ten seguro que muy pronto cosecharás con creces lo que hayas sembrado. Lo mismo pasa con lo negativo.

¿Que ahora existe más maldad? Por supuesto. Lo ves todos los días en cada uno de los noticieros en cada nación. También existe más virtud puesto que hay más luz. Imagina que tienes un cuarto donde guardas tus cosas desde hace muchos años y con un foco que apenas alumbra. Un día decides cambiar la lámpara por una nueva, mucho más brillante. Te sorprenderá el ver el desorden y el polvo que pensabas que no existía. La suciedad será más clara. Esto es lo que está pasando. La verdad o la mentira salen más rápido a la luz. ¿Te has dado cuenta que hoy en día las mentiras y los engaños salen a flote con mayor rapidez que antes?

La oscuridad produce el mal como consecuencia de la ignorancia. Sin embargo aquí es donde se presenta la majestad humana del libre albedrio. Sin la libre elección no habría voluntad propia. Esto es necesario para el crecimiento el movimiento hacia la luz que es nuestro caminar hacia la madurez. Ni siquiera los ángeles tiene este gran poder. Ellos están limitados a ser mensajeros y obedecer a Dios, además de ser nuestros guardianes. Ellos habitan en otras dimensiones y reciben sus comunicados en otras frecuencias.

"YHVH estableció en los cielos su trono, y su reino domina sobre todos.

Bendecid a Dios, vosotros sus ángeles, poderosos en fortaleza, que ejecutáis su palabra, obedeciendo a la voz de su precepto. Bendecid a YHVH, vosotros todos sus ejércitos, ministros suyos, que hacéis su voluntad." (Salmo 103:19-21)

Ahora es el momento de acceder al conocimiento de Dios y de entender el funcionamiento de la energía de la vida. El universo está pasando por cambios magnéticos. Esta nueva vibración trae una nueva energía al planeta que tiene a algunas personas nerviosas, depresivas o enfermas ya que para poder recibir más luz las personas deben cambiar tanto física, como mental y espiritualmente.

Debemos poner en orden nuestra vida porque cada día llegará más luz a la conciencia. Te dirán que es estrés y no se trata de eso. Se trata de emociones negativas acumuladas, se trata de miedos y angustias, se trata de ese polvareda de acciones sin sentido acumuladas por años y que ahora tienes conciencia de que existen y estás descubriendo que pueden ser limpiadas y borradas. No busques ayuda en la medicina moderna que ha dado a cualquier dolor, enfermedad, pena o sufrimiento y a lo que no tiene una causa visible un tratamiento con drogas. Lo que no propone es algún tratamiento con resultados positivos concretos. Sólo te recetan antidepresivos, tranquilizantes y substancias químicas. Drogas que llevan muerte y enfermedad. Estos tratamientos no te permiten tener la oportunidad de cambiar tu propia vida.

Lo que necesitamos ahora más que nunca es la transparencia, la honestidad para establecer relaciones íntegras y puras con el sol, la luna, las estrellas, la tierra, la naturaleza, los seres humanos y nuestro Creador. En realidad esto es más factible de lo que parece. Al decidir por ti mismo y establecer que es lo que tú quieres y cuáles son tus máximos deseos te pondrás en marcha en la dirección adecuada en busca de tu destino más brillante.

Los vínculos de comunicación con nuestro entorno y los seres humanos ya están establecidos. Todo lo que tenemos que hacer es activarlos con la esencia de nuestro ser. Reconocer esa energía que es el amor sin límites para que todo el mundo lo perciba, lo sienta, para que puedan saber del poder ilimitado del elixir de amor.

Muchas veces ciertas personas se encuentran frente a un ser que les supera en capacidad, conocimiento y sabiduría. Sin embargo su negatividad quiebra ese momento y en lugar de guardar silencio y escuchar se ponen a hablar a hacer ruido o incluso a interrumpirle cuando habla. Es muy claro que esta no es una actitud muy inteligente porque nada se gana con ello. Más bien se pierde la oportunidad de recibir tanta buena vibración e información de forma gratuita. Frente a un ser que emana sabiduría cada uno de nosotros deberíamos aprender a escuchar. Cuando el espíritu divino habla, el cielo y la tierra callan para escuchar su palabra pues allí está la semilla que fertiliza nuestra mente, corazón y todo lo existente por la eternidad.

Nosotros llegamos a pensar que somos fuertes y simplemente continuamos con nuestro propio impulso sin reflexionar. No aprendemos a parar, mirar y escuchar. En realidad es así como cometemos los mayores errores y tomamos las peores decisiones que nos hacen débiles, ciegos y sordos.

"Todo tiene su tiempo, y todo lo que se quiere debajo del cielo tiene su hora. Tiempo para callar y tiempo para hablar." (Eclesiastés 3:1,7b)

Para poder aprender es de vital importancia escuchar su voz y dirección en el sonido del silencio. Para poder penetrar en los secretos del universo el silencio tiene que ser escuchado.

Quien guarda silencio demuestra que está dispuesto a escuchar y por consiguiente a seguir instrucciones y obedecer. El silencio es pues la principal característica de la sumisión. Si podemos restablecer en nosotros el silencio es precisamente para dejar que el Espíritu Divino trabaje en nosotros. Mientras permanezcamos insumisos, obstinados y anárquicos el espíritu no puede guiarnos.

Cuando alcanzamos ese momento en el cual el silencio mora en nosotros es cuando nos ponemos en manos del Espíritu Santo quien nos guía hacia un mundo infinito, celestial y divino. Gracias a este silencio comenzamos a oír la voz de nuestra conciencia y de nuestra alma que es la voz de Dios, es la voz del universo, de todas las estrellas y de todo lo creado que se revela suavemente en nuestro interior. Nosotros somos el universo.

Debemos comprender al silencio como la condición natural y absoluta para poder recibir la palabra de verdad y las auténticas revelaciones.

Solamente en el silencio se comienzan a percibir estas ondas y vibraciones que paulatinamente nos traen mensajes de una voz que empieza a hablarnos. Ella es quien nos previene, nos dirige, y la que nos protege. Para que esta voz nos hable es imprescindible instalar el silencio en nosotros. A esta voz se la llama con frecuencia la voz del silencio. Incluso este es el tema de diversos libros de la sabiduría oriental.

En el ruido del mundo se encuentra la confusión y el extravío. En los sonidos del silencio es donde se descubre la voz misma de El Creador del universo que nos da su dirección y su paz.

Este estado que llamamos receptivo, pasivo o de contemplación no puede confundirse en absoluto con la pereza, el desgano y la inactividad. Sólo se es pasivo en apariencia. En realidad se trata de la mayor actividad extrasensorial que puedas imaginarte. La prisa actual crea desperdicio, estrés y muerte. Si no escuchamos esta suave voz es porque hacemos y tenemos demasiado ruido en nuestra vida en el plano físico. Este ruido sin sentido es una manifestación de la confusión que existe en nuestros pensamientos, sentimientos y palabras y ahoga la voz de nuestro interior.

Por el contrario en el absoluto silencio oirás a una voz muy dulce. Esta voz interior habla incansablemente a cada uno de nosotros, pero muy suavemente. Son necesarios muchos esfuerzos para distinguirla en medio de toda la clase de ruidos del mundo actual. Es preciso aprender a escuchar esa dulce voz que habla dentro de nosotros. Aprende a dominarte. Esfuérzate y sé valiente. La voz de Dios no hace ruido. Para oírla hay que estar muy calmado y atento.

Dios habla de forma muy tenue y sin insistir. Se comunica, una, dos, tres veces y luego se calla. Tampoco insiste mucho más. Si no escuchas atentamente, si no aprendes a discernir esa voz es porque sólo oyes la frecuencia del ruido y la confusión que nos lleva a sentirnos perdidos constantemente. Por el contrario la voz celestial es extremadamente suave, tierna y melodiosa. Hay diversos criterios para reconocerla.

La voz de Dios se manifiesta a través de una luz que nace dentro de nosotros. Es calor, es energía, es un amor que sentimos en nuestro corazón. También siempre trae consigo una sensación de libertad y paz que experimentamos junto a la decisión de llevar a cabo acciones nobles y desinteresadas.

Sé dueño de tu voluntad y siervo de la conciencia. (María Von Ebner-Eschenbach)

Cuando tenemos que tomar una decisión importante sólo en el silencio de los pensamientos y de los sentimientos recibiremos la respuesta del Yo superior. La conciencia es algo más que mi propio yo. Ella es la voz de la trascendencia. Es la voz del silencio que el ser humano escucha dentro de sí, pero no procede de él. Es la voz del Altísimo y de su Espíritu Santo. Ese silencio es la fuente de la claridad, la paz, la armonía y el orden universal. El silencio es vivo, es vibrante, habla y canta. Se llena de júbilo gracias a la meditación, contemplación y la oración.

Una vez más tú eliges en qué realidad deseas vivir. Tienes que descubrir y realizar tus más sonados e íntimos deseos. Solo así podrás desarrollar tu máximo potencial. Ahora el drama será más intenso y por supuesto el amor también. Si se incrementa la luz, también lo hace del mismo modo la oscuridad. Esto explica por qué hay tanta violencia irracional en estos últimos años.

Sin embargo estamos viviendo la mejor época que la humanidad jamás vivió. La gran lucha entre la luz y las tinieblas. Seremos testigos y actores de la transformación más grande de conciencia que jamás imaginaste.

La realidad es tanto espiritual, física como psicológica. Este crecimiento espiritual nos lleva de un estado de esperanza, yo espero, a un estado de confianza y seguridad, yo creo y al siguiente estado de certeza, yo sé, yo conozco, yo amo.

El camino comienza con la esperanza, crece y se fortalece con la fe y se potencializa y magnifica con el saber, el conocer, el amar.

La presencia de Dios dentro de ti es más fuerte que fuera de ti. Sin embargo Dios ilustra magistralmente su eterna presencia a través del universo, el hombre, la naturaleza y de todas las cosas creadas. No podemos situar lo tangible y material por encima de lo espiritual e intangible. Como el señor de mi voluntad soy creador, como siervo de mi consciencia soy criatura. No podemos poner a la ciencia antes que la conciencia, los descubrimientos de la naturaleza y el cosmos universal antes que la fe y la justicia humana antes que la Gracia del Altísimo.

No podemos hablar de libertad si se antepone la religión sobre Cristo. Si se reduce el espacio individual, social y se lleva al hombre al cautiverio de sus propias leyes por el control, la manipulación y la disputa del poder.

"Es una visión de esperanza, pero al mismo tiempo fatigosa, pues siempre tenemos la tentación de poner resistencia al Espíritu Santo, porque trastorna, porque remueve, hace caminar, impulsa a la Iglesia a seguir adelante. Y siempre es más fácil y cómodo instalarse en las propias posiciones estáticas e inamovibles. En realidad, la Iglesia se muestra fiel al Espíritu Santo en la medida en que no pretende regularlo ni domesticarlo." (Jorge Bergoglio - Papa Francisco I)

Pídele al gran Creador de la energía del universo que no permita que seamos seducidos por aquello que nos aparta de descubrir nuestro verdadero propósito de vida y de encontrar nuestra auténtica identidad. Entonces el amor reinará en tu vida. A partir de allí se recibe la luz y la iluminación para este momento, el presente.

Ahora sí la Palabra de nuestro Creador penetrará en ti y en mí como la energía que invoca todas las cosas creadas y descubre la armonía y el equilibrio del universo.

"Porque también la creación misma será libertada de la esclavitud de la corrupción, a la libertad gloriosa de los hijos de Dios."(Romanos 8:21)

"Pedid, y se os dará; buscad, y hallaréis; llamad, y se os abrirá. Porque todo aquel que pide, recibe; y el que busca, halla; y al que llama, se le abrirá." (Mateo 7:7-8)

El simple acto de agradecer, de apreciar y sentir gratitud transforma nuestra realidad más allá del tiempo. Cuando estamos agradecidos por lo que somos, por lo que hemos obtenido, por lo que hemos recibido, en ese preciso momento, abrimos una puerta en nuestro corazón que nos permite entrar a una siguiente dimensión que tiene una vibración con más altitud y una mejor frecuencia. La gratitud es una gran herramienta que a todos nos conecta con la esencia misma del Altísimo y podemos ver una gran luz saliendo.

Agradecer, agradecer, agradecer. Así es como definitivamente se eleva tu ser.

Agradecer es la semilla y el principio para poder madurar y crecer.

Apreciar, amar, agradecer. Solo así podrás trascender

Ajústate los cinturones. Hemos estado esperando para este momento cósmico. Quiero que sepas que el resultado es simplemente glorioso. Recuerda que en nuestro interior existe todo lo que necesitas para ser parte del plan divino. Dentro de tu corazón y en tu interior existe ese lugar sagrado del Dios viviente. Pide la presencia de el Alfa y la Omega para que te revele la gran magnitud de oportunidades que te permitirá añadir más luz a tu existencia.

Tenemos que abrir nuestros ojos y ver la belleza del universo. Observar que la luz de las estrellas es parte de mi ser. La belleza del cielo y la luz del sol también la podemos llevar dentro de nuestro corazón. Cuando permitimos a ese poder creador dar sentido a nuestra existencia descubrimos que el universo sale de nosotros en esos momentos. Así procreo la vida que anhelo. Todo ya existe. Todo lo llevo dentro de mí.

Sé que en mi ser tengo el poder de crear una nueva realidad. Que tengo infinitas posibilidades de armonía, de amor, de paz y también de abundancia. Puedo sonreír, puedo cantar y desde mi alma eterna todo conquistar. Aun lo inimaginable pues desde dentro de mi corazón puedo diseñar y darle color a la vida, dar pinceladas a ese cuadro maestro que es mi propia existencia, esa vida que desde muy dentro, muy dentro de mi corazón es la que quiero vivir. Sé que todo el universo trabajará para mí. El cielo para mí se abre. Yo camino hacia el Eterno, hacia lo infinito donde aún ni siquiera el tiempo existe. Hoy más que nunca esta realidad vislumbro. Antes de hablar consultaré con mi corazón para cerciorarme de que lo que comunico es luz, amor y paz.

La eternidad ha llegado a tu vida y está esperando por ti para saber qué hacer en el próximo momento. El universo está esperando por ti para saber qué rumbo seguir. Solamente tú puedes darle la dirección adecuada. Ahora tendrás la fuerza que gobierna el universo dentro de ti.

"Yo soy el Alfa y la Omega, principio y fin, dice el Señor, el que es y que era y que ha de venir, el Todopoderoso." (Ap. 1:8)

El es Todopoderoso. El Alfa y la Omega *que creó y* **es el universo**. *Todos los elementos existentes en el universo: el espacio, la materia y el tiempo.*

38

EL ESPACIO, LA MATERIA Y EL TIEMPO

Somos Energía divina

Dentro de ti hay un gran deseo y un gran sueño listo para impulsarte. ¡Encuéntralo! Dios ha puesto ese sueño en tu corazón y sólo tú podrás descubrir tu potencial. La lógica produce orden. Esto lo vemos muy claramente en el desarrollo de la ciencia y se manifiesta muy patentemente en la composición del universo. Por supuesto que esto es de vital importancia para que no haya caos, todo funcione puntualmente y en su propio ritmo. No obstante lo más importante es la fe pues por medio de ella se produce la verdadera transformación y es la única que atrae el poder que origina los milagros.

"Pero una mujer que padecía de flujo de sangre desde hacía doce años, y que había gastado en médicos todo cuanto tenía, y por ninguno había podido ser curada, se le acercó por detrás y tocó el borde de su manto; y al instante se detuvo el flujo de su sangre. Entonces Jesús dijo: ¿Quién es el que me ha tocado? Y negando todos, dijo Pedro y los que con él estaban: Maestro, la multitud te aprieta y oprime, y dices: ¿Quién es el que me ha tocado? Pero Jesús dijo: Alguien me ha tocado; porque yo he conocido que ha salido poder de mí. Entonces, cuando la mujer vio

que no había quedado oculta, vino temblando, y postrándose a sus pies, le declaró delante de todo el pueblo por qué causa le había tocado, y cómo al instante había sido sanada. Y él le dijo: Hija, tu fe te ha salvado; ve en paz." (Lucas 8:43al48)

"Nadie pone en oculto la luz encendida, ni debajo del almud, sino en el candelero, para que los que entran vean la luz. La lámpara del cuerpo es el ojo; cuando tu ojo es bueno, también todo tu cuerpo está lleno de luz; pero cuando tu ojo es maligno, también tu cuerpo está en tinieblas. Mira pues, no suceda que la luz que en ti hay, sea tinieblas. Así que, si todo tu cuerpo está lleno de luz, no teniendo parte alguna de tinieblas, será todo luminoso, como cuando una lámpara te alumbra con su resplandor." (Lucas 11: 33-36)

Tú deberás tener un deseo auténtico, verdadero para que se vuelva realidad y se pueda materializar.

"Por la fe entendemos haber sido constituido el universo por la palabra de Dios, de modo que lo que se ve fue hecho de lo que no se veía." (Hebreos 11:3)

Dios nunca hará referencia de tu raciocinio ni a tu lógica para determinar tu futuro. Tu fe es la que lo determina. Tu confianza en el Altísimo. Eso es lo más importante. No se trata simplemente de comunicar cierta información como una inerte transferencia de teorías de una mente a otra sino el abrir fuentes de agua viva, la energía divina. Se trata de mostrar verdades fundamentales que están en nuestros corazones y que podremos descubrir y activar.

No hay ningún límite para el desarrollo de la fe. Una y otra vez Jesús aseguró y demostró que era la fe de cada persona a nivel individual lo que produce el milagro. Ahora todo lo que se necesita es tu fe personal para que cada milagro avance en tu vida. No hay obstáculo infranqueable y mucho menos existen circunstancias que te puedan limitar. Ninguna persona en la tierra y ni siquiera los demonios tiene ningún poder para limitar tu fe. Conforme a vuestra fe os será hecho. ¡Todo lo que deseas te será concedido de acuerdo a tu fe!

"Entonces respondiendo Jesús, dijo: Oh mujer, grande es tu fe; hágase contigo como deseas. Y su hija fue sanada desde aquella hora." (Mateo 15:28)

La Divina Providencia es como un depósito en tu cuenta bancaria y sus atributos son más reales y permanentes que nuestras propias carencias y debilidades. Cuando los descubras y actives, todo temor desaparecerá de tu interior pues la Divina Providencia tiene tres atributos intangibles y eternos que son: Protección sobrenatural, provisión inagotable y poder ilimitado.

Las parábolas, anécdotas y analogías de Paladín te llevarán a una siguiente dimensión.

¿Cómo encontrar el amor como una solución madura al problema de la existencia misma? No solamente esas formas inmaduras de amar que por supuesto son meramente transitorias pues no perduran y luego nos sentimos más vacíos y sin propósito en nuestras vidas. En esta era moderna tenemos información pero no conocimiento. Tenemos tecnología pero nada de sabiduría y a la Palabra de Dios la han vuelto vacía.

Los fariseos, los religiosos y los doctores de la ley preguntaron a Cristo para tentarle cual era el más importante mandamiento en la ley. En su respuesta encontramos que el describe al hombre compuesto por tres elementos para tener la completa voluntad dispuesta para amar.

"Maestro, ¿cuál es el gran mandamiento en la ley? Jesús le dijo: Amarás al Señor tu Dios con todo tu **corazón**, *con toda tu* **alma,** *y con toda tu* **mente**. *Este es el primero y grande mandamiento. Y el segundo es semejante: Amarás a tu prójimo como a ti mismo. De estos dos mandamientos depende toda la ley y los profetas."* (Mateo 22:37-40)

En su respuesta Jesús fue aún mucho más lejos pues todo lo dicho por los profetas y la ley es limitada pero el amor es ilimitado. Además nos describe las tres relaciones trascendentales a desarrollar para llegar a disfrutar de la naturaleza divina.

Amarás al Señor **tu Dios** y a **tu prójimo** como a **ti mismo**.

La ciencia no hace espiritual al hombre. La cultura podría elevar, como máximo, la moralidad y ética humana. Pero en la moral, en la ética y en la conciencia sucede como en la física: el recorrido del agua no puede ser más alto que la altura de su fuente.

La conciencia está por encima del hombre. Debemos aprender a servir a la consciencia para encontrar la libertad. Esta es la voz de la trascendencia. Al concebir todo mi ser existente plenamente, partícipe, responsable y parte del universo.

Amaos unos a otros entrañablemente, de corazón puro para una herencia, incorruptible, incontaminada e inmarcesible.

*Reservada en los cielos para vosotros, que sois guardados por el poder de Dios mediante la fe, para alcanzar la salvación que está preparada para ser manifestada en el tiempo postrero. Siendo renacidos, **no de simiente corruptible, sino de incorruptible,** por la palabra de Dios que vive y permanece para siempre."(I Pedro 1:23)*

"E indiscutiblemente grande es el misterio de la Santidad (Piedad): Dios fue manifestado en carne, justificado en el espíritu, visto de los ángeles." (1 Timoteo 3:16)

Ahora bien, cada propósito no solo debe sino también puede ser encontrado. La conciencia podría definirse como la facultad para descubrir y localizar el sentido, propósito y razón escondidos en cada escenario en determinado momento en nuestras vidas. De hecho solo puedo ser siervo de la conciencia al entenderme a mí mismo, al entender este fenómeno espiritual, al descubrir y comprender la razón de mi existencia y el propósito de mi vida a partir de lo que me da trascendencia.

*"por medio de las cuales nos ha dado preciosas y grandísimas promesas, para que por ellas llegaseis **a ser participantes de la naturaleza divina,** habiendo huido de la corrupción que hay en el mundo a causa de la concupiscencia; vosotros también, poniendo toda diligencia por esto mismo, añadid: a vuestra fe virtud; a la virtud, conocimiento; al conocimiento, dominio propio; al dominio propio, paciencia; a la paciencia, piedad; a la piedad, afecto fraternal; y al afecto fraternal, amor."* (2 Pedro 1:3-7)

"Bendito el Dios y Padre de nuestro Señor Jesucristo, que según su grande misericordia nos hizo renacer para una esperanza viva, por la resurrección de Jesucristo de los muertos, para una herencia incorruptible, incontaminada e inmarcesible, reservada en los cielos para vosotros" (1 Pedro 1:3,4)

Cuando Cristo se transfiguró salió a luz su divinidad nuevamente y se manifestó a sus tres seguidores más cercanos quienes podrían guardar el secreto al ser de su absoluta confianza pues aún no había llegado su hora. *"Aconteció como ocho días después de estas palabras, que tomó a* **Pedro, a Juan y a Jacobo**, *y subió al monte a orar; Y entre tanto que oraba, la apariencia de su rostro se hizo otra, y su vestido blanco y resplandeciente. Y he aquí dos varones que hablaban con el, los cuales eran Moisés y Elías. Quienes aparecieron rodeados de gloria, y hablaban de su partida, que iba Jesús a cumplir en Jerusalén. Y Pedro y los que estaban con él estaban rendidos de sueño; más permaneciendo despiertos, vieron la gloria de Jesús, y a los dos varones que estaban con él. Y sucedió que apartándose ellos de él Pedro dijo a Jesús: Maestro, bueno es para nosotros que estemos aquí; si quieres, hagamos aquí tres enramadas: una para ti, otra para Moisés, y otra para Elías no sabiendo que le decía. Mientras él decía esto, vino una nube que nos cubrió; y tuvieron temor al entrar en la nube. Y vino una voz desde la nube que decía: Este es mi Hijo amado, a él oíd. Y cuando cesó la voz, Jesús fue hallado sólo, y ellos callaron, y por aquellos días no dijeron nada a nadie de lo que habían visto."* (Lucas 7:28-36)

La moralidad humana se arrastra a nivel terrenal y no tiene alas para levantar el vuelo. Las escuelas y educación humana no contemplan la elevación del hombre por encima de sí mismo, más bien lo dejan donde lo encontraron. No se puede desterrar lo viejo, lo corrupto del interior del hombre por medio de leyes y la mecánica puramente humana. Hay que ir a una fuente más alta para renovar el corazón, la conciencia y la voluntad.

Cristo levanta al hombre de la tierra, porque él vino de lo alto, descendió a lo más bajo y profundo y llegó al mismo corazón de la tierra. No solamente fue hombre, sino fue quien trajo la luz, la energía suprema de Dios y su manifestación divina.

Cuando Cristo nació recibió la visita de tres hombres sabios que viajaron desde muy lejos siguiendo la estrella de Belén: Melchor, Gaspar y Baltasar.

Esta estrella guió a estos astrónomos, los reyes magos, al lugar del nacimiento de Jesucristo para encontrarse cabalísticamente con un niño divino al llegar a su destino.

"Cuando Jesús nació en Belén de Judea en días del rey Herodes, vinieron del oriente a Jerusalén unos magos, diciendo: ¿Dónde está el rey

de los judíos, que ha nacido? Porque su estrella hemos visto en el oriente, y venimos a adorarle." (Mateo 2:1-2)

"y he aquí la estrella que habían visto en el oriente iba delante de ellos, hasta que llegando, se detuvo sobre donde estaba el niño. Y al ver la estrella, se regocijaron con muy grande gozo. Y al entrar, vieron al niño con su madre María, y postrándose, lo adoraron; y abriendo sus tesoros, le ofrecieron tres presentes el oro, la mirra y el incienso." (Mateo 2:9-11)

El oro es un símbolo permanente por todos los siglos de la majestuosidad de un rey. La mirra es una sustancia perfumada que los antiguos tenían por un bálsamo precioso y simboliza al hombre. Su color rojo representa la sangre, la forma de lágrima representaría el dolor. La mirra simbolizaría así la sangre y el dolor de Cristo convirtiéndose en bálsamo para el género humano. El incienso y su uso está relacionados directamente como símbolo de adoración a Dios o de respeto a cosas sagradas y ceremonias relacionadas con lo divino. El incienso fue otro regalo simbólico que los reyes magos depositaron a los pies del niño Jesús diciendo «te traigo el incienso porque reconozco en ti la divinidad del Dios verdadero».

"Otra vez Jesús les habló, diciendo: Yo soy la luz del mundo; el que me sigue, no andará en tinieblas, sino que tendrá la luz de la vida." (Juan 8:12)

Cualquier individuo que deja entrar esta luz en su vida tendrá cambios dramáticos.

Una persona iluminada empieza a conocer su realidad sin temor. La vida se tornará en algo más que solo sobrevivir. Tu interior e intuición se convertirán en una fuerza más poderosa. La existencia tendrá un significado más profundo y serás libre. Podrás amar más profundamente y los deseos serán más fáciles de realizar.

"Porque el Señor es el Espíritu; y donde está el Espíritu del Señor, allí hay libertad. Por tanto, nosotros todos, mirando a cara descubierta como en un espejo la gloria del Señor, somos transformados de gloria en gloria en la misma imagen, como por el Espíritu del Señor. (2 Corintios 3:17-18)

Nosotros somos divinos

"Porque tres son los que dan testimonio en el cielo El Padre, el Verbo y el Espíritu Santo; y estos tres son uno. Y tres son los que dan testimonio en la tierra: El Espíritu, el agua y la sangre; y estos tres concuerdan. Y este es el testimonio: que Dios nos ha dado vida eterna; y esta vida está en su Hijo." (1 Juan 5:7,8 y 11)

"Y se levantó a lo más alto para preparar lugares celestiales para cada ser humano.

Y Jesús se acercó y les habló diciendo: "Toda potestad me es dada en el cielo y en la tierra. Y les dijo: Estas son las palabras que os hablé, estando aún con vosotros: que era necesario que se cumpliese todo lo que está escrito de mí; en la ley de Moisés, en los profetas y en los salmos." (Mateo28:18) (Lucas 24: 44)

"Y aconteció que bendiciéndolos, se separó de ellos, y fue llevado arriba al cielo. Y el Señor, después que les habló, fue recibido arriba en el cielo, y se sentó a la diestra de Dios. Y estando ellos con los ojos puestos en el cielo, entre tanto que él se iba, he aquí se pusieron junto a ellos dos varones con vestiduras blancas, los cuales también les dijeron: Varones galileos, ¿por qué estáis mirando al cielo? Este mismo Jesús, que ha sido tomado de vosotros al cielo, así vendrá como le habéis visto ir al cielo (Marcos 16:19) (Hechos 1:10-11)

Ven conmigo. Yo te acompañaré a descubrir tu propósito, tu destino y aun veré cuando tus deseos se vuelvan realidad al encontrar al que lo sabe todo. El pasado, el presente y el futuro. El Alfa y la Omega es el único que conoce el designio de tu vida, además de ti.

El misterio de tu futuro está en descubrir tus deseos y sueños para volverlos realidad. Ahora tendrás una vida radiante, que puede ser ilimitada al conectarte con el poder del Altísimo. Así podrás brillar como las estrellas a la eternidad.

*"No habrá allí más noche; y no tienen necesidad de luz de lámpara, ni de luz del sol, porque Dios el Señor los iluminará; y reinarán por los siglos de los siglos. Y me dijo: Estas palabras son fieles y verdaderas. Y el Señor, el Dios de los espíritus de los profetas, **ha enviado su ángel, para mostrar a sus siervos las cosas que deben suceder pronto**.* (Rev. Apoc: 22:5-6)

3Ɛ

Paladín, el ángel y las Huestes celestiales

Las parábolas ilustran el mundo visible para guiarnos a entender los principios invisibles del universo. Son diseñadas para revelar la verdad y sabiduría únicamente a aquellas personas que de manera honesta y sincera desean conocerla. Así como también para esconderla de hombres sin escrúpulos cuyos corazones y mentes son perversos.

Estas parábolas son un desafío para el razonamiento e inteligencia humana pues nos impulsan a usar la imaginación y son capaces de tocar nuestros sentimientos. Nuestros *deseos* son mucho más estimulantes que nuestras necesidades.

Mientras en algún lugar del planeta tierra Paladín desafiaba a la muerte sus pensamientos estaban turbados y amargados sin comprender. ¿Por qué un gran amigo de su infancia, Rodrigo había sido salvajemente asesinado como un malhechor cuando apenas estaba terminando su adolescencia? Después de varias horas en un bar sus pensamientos aún se oscurecieron más y más hasta que llegó a estar completamente borracho y sin comprender cómo la muerte sorprendió a su mejor amigo a tan temprana edad.

Sin saber nada al respecto tenía la determinación de querer vencer a la mismísima muerte. Hacerle frente era una necesidad, quería confrontarle cara a cara. Comenzó a cuestionar los límites humanos por medio de la embriaguez, la velocidad y la violencia hasta que finalmente vivió su primer encuentro con el ángel de la muerte. Era una noche muy oscura. La luna no emitía su usual resplandor y las estrellas parecían estar escondidas. El pavimento de la carretera reflejaba esa misma oscuridad al igual que la mente y los pensamientos de Paladín que estaban turbados y amargados. Sin comprender qué sucedía se desplazaba en un auto Nissan café oscuro a gran velocidad. Repentinamente después de una curva apareció un camión de carga sin luces completamente parado en la carretera. Apenas logró librarlo y tomar nuevamente el carril derecho cuando otro camión estaba parado igualmente y sólo atinó presionar el freno y girar el volante. Paladín se vio envuelto en un torbellino inexplicable mientras el auto daba giros.

Mientras tanto veía luces que pasaban a su alrededor y que procedían de los otros carros que venían en sentido opuesto. También en medio de la oscuridad se le apareció una saeta de luz que se movía armoniosamente en forma circular con un aureola de protección a su alrededor. Era la bella genio, su ángel que lo rescataba. Paladín aun desconcertado terminó del lado derecho de la carretera sin el más mínimo rasguño, sin saber lo que había pasado pues estaba demasiado borracho para comprender lo que realmente ocurría y su percepción de la genio era vaga e incorrecta.

En algún lugar del universo el Creador de la energía universal después de ver aquel inmenso acto de eficiencia, misericordia y amor para salvar la vida de Paladín se reunió con sus principales mensajeros celestiales, el Arcángel Miguel, el Arcángel Gabriel y el Arcángel Rafael y les mandó buscar a la bella genio. El Ángel se presentó para saber para que se le requería y les dijo: *"anuncia a los paganos la Buena Noticia, las riquezas inescrutables de Cristo, lleva luz para descubrir y esclarecer cómo se ha dispensado el misterio escondido, el secreto que Dios, Creador del Universo, que se guardaba desde antiguo, para que las fuerzas, los ángeles y los poderes celestiales conozcan por medio de la Iglesia la sabiduría de Dios en todas sus formas. Éste es el designio que he concebido desde toda la eternidad en Cristo Jesús ... Después de esto miré, y he aquí una puerta abierta en el cielo; y la primera voz que oí, como de trompeta, hablando conmigo, dijo: Sube acá, y yo te mostraré las cosas que sucederán después de estas.* " (Efesios 3:8-11 B de Jerusalén)

El Arcángel Miguel se comunicó con Gabriel y Rafael para organizar este nuevo trabajo y preparar más ángeles que tendrían también aumento de poderes. Entonces se le asignó al Arcángel Rafael que tomara bajo su amparo a la bella genio y le reveló:

«Yo soy "Rafa-El" y el Señor Nuestro Creador me ha dado el poder de llevar sanidad a las naciones y de proteger a sus escogidos. Estoy poniendo en tus manos una mayor cantidad de llaves para obtener total acceso a más poderes celestiales, úsalas con amor y compasión. Ahora tendrás el gran honor de exponer el mal y la oscuridad con una luz más brillante que te será asignada según la ocasión para poder vencer a los espíritus malignos que habitan en los lugares celestiales y que tienen que ser expulsados. Esto sucederá cuando elimines la ignorancia de tu propio ser; pues como es adentro así también es afuera.

Tendremos que vencer a varios espíritus malignos y de las tinieblas que estorban en la actualidad a los seres humanos y están causando mucha enfermedad, destrucción y muerte.

Recuerda que cada uno de nosotros los ángeles tenemos nuestra contraparte. Por ejemplo *Obstacon* es el maligno que se encarga de poner todo tipo de trampas, obstáculos y tretas para desanimar a las personas de realizar sus objetivos, metas y sueños. Su primera artimaña es inspirar a las gentes a no tener disciplina a ser letárgicos, a desobedecer y ser rebeldes. Está claro que de esta manera es muy difícil avanzar. Nuestra base para obtener la victoria y derrotar a este obstructor es la fidelidad, la obediencia y la disciplina a la hora de actuar. Sin embargo para poder tener victorias contundentes hay que aprender a ponerse la indumentaria divina y trabajar en equipo.

Yo te entrenaré a ti para que derrotes contundentemente a este espíritu malvado. Mi potencia aumentará en ti para que derrames ese mismo ungimiento en Paladín, así él se convertirá en un experto y tendrá las armas para vencerle. Por supuesto que hay varios niveles de obstáculos. Al principio son fáciles de subyugar y conforme se avanza en el camino correcto y con metas más altas se vuelven más difíciles de superar. Lo importante es que mientras más te entonas en el espíritu y en la frecuencia correcta más poderosas serán las armas que tendrás para derrotarle y así consecutivamente.

Después tendrás que luchar contra uno de los más antiguos aliados de Satanás, *el Engañador*. Es el más sutil de los espíritus de las tinieblas que va en busca de personas con mucho talento e inteligencia, de los sabelotodo sin ninguna disciplina personal, muy emocional y volátil. Su punto de ataque es el ego y la impulsividad. Su estrategia es muy clara: que resistan siempre al Espíritu Santo, es decir al Espíritu de Verdad. Su forma más típica de actuar es el enseñar a las personas a engañarse a sí mismos. Cuando la persona ya se tragó su propia mentira y está convencido de ella, se complace en sí mismo engendrando la familiaridad, el menosprecio y la complacencia. Cuando estos tres factores son digeridos por la persona, entonces crea el engaño y por último la mentira que aflora de sus labios y va en busca de sus víctimas para conseguir sus objetivos. Lo más horripilante es que comienza con las personas más cercanas: padres, esposo, hermanos, hijos, familia, amigos y compañeros de trabajo que le quieren y aprecian para aprovecharse del factor emocional. Por supuesto que esto lo aplica en todas sus relaciones sembrando semillas de división, disensión y falsedad para dominar a sus presas más fácilmente. Generalmente lo hace uno a uno, de forma individual creando una historia falsa según su propia conveniencia. Algunas veces presentándose como una víctima de las circunstancias, echándole la culpa a los demás de sus errores, fracasos y nunca aceptando culpabilidad. Generalmente todos sus ataques son por sorpresa, con un plan preestablecido y siempre antes de atacar hace sentir a sus víctimas muy cómodas, prestándoles algún servicio o favor para agarrarlos con la guardia baja.

Pon mucha atención pues también tendrán que luchar contra el *Opresor*, quien oprime, aprisiona y esclaviza por medio de drogas, alcoholismo y otras muchas artimañas que seducen y engañan a las personas. Les hace perder su propia estima, la esperanza y aun la fe en sí mismos y en los demás. Someterse a ídolos mundanos que les ofrecen soluciones temporales, distracciones que les ocultan la verdad y los deja virtualmente perplejos y sin la capacidad mental de luchar. Su ataque va directamente a la mente y el corazón de cada ser humano al crear ídolos sin ningún poder que habitan en sus corazones y mentes. Luego los somete a adicciones físicas y mentales que les roba toda la creatividad, el gozo de vivir a tal punto que no creen que haya solución a los problemas y se ha vuelto el principal promotor de la depresión y el suicidio.»

"Cuando abrió el segundo sello, oí al segundo ser viviente, que decía: Ven y mira. Y salió otro caballo, bermejo; y al que lo montaba le fue dado poder de quitar de la tierra la paz, y que se matasen unos a otros; y se le dio una gran espada. Cuando abrió el tercer sello, oí al tercer ser viviente, que decía: Ven y mira. Y miré, y he aquí un caballo negro; y el que lo montaba tenía una balanza en la mano. Y oí una voz de en medio de los cuatro seres vivientes, que decía: Dos libras de trigo por un denario, y seis libras de cebada por un denario; pero no dañes el aceite ni el vino. Cuando abrió el cuarto sello, oí la voz del cuarto ser viviente, que decía: Ven y mira. Miré, y he aquí un caballo amarillo, y el que lo montaba tenía por nombre Muerte, y el Hades le seguía; y le fue dada potestad sobre la cuarta parte de la tierra, para matar con espada, con hambre, con mortandad, y con las fieras de la tierra." (Revelación 6:3-8)

"Vestíos de toda la armadura de Dios, para que podáis estar firmes contra las asechanzas del diablo. Porque no tenemos lucha contra sangre y carne, sino contra principados, contra potestades, contra los gobernadores de las tinieblas de este siglo, contra huestes espirituales de maldad en las regiones celestes." (Efesios 6:11-12)

Así mismo se reunieron Miguel, Gabriel y Rafael, para anunciarle a la bella genio, el ángel de Paladín, sus nuevas responsabilidades. A manera de bienvenida le informan un poco más sobre la naturaleza del hombre:

"Sí, vanos por naturaleza todos los hombres en quienes había ignorancia de Dios y no fueron capaces de conocer por las cosas buenas que se ven a Aquél que es, ni, atendiendo a las obras, reconocieron al Artífice; sino que al fuego, al viento, al aire ligero, a la bóveda estrellada, al agua

impetuosa o a las lumbreras del cielo los consideraron como dioses, señores del mundo. Que si, cautivados por su belleza, los tomaron por dioses, sepan cuánto les aventaja el Señor de éstos, pues fue el Autor mismo de la belleza quien los creó. Y si fue su poder y eficiencia lo que les dejó sobrecogidos, deduzcan de ahí cuánto más poderoso es Aquel que los hizo; pues de la grandeza y hermosura de las criaturas se llega, por analogía, a contemplar a su Autor. Con todo, no merecen éstos tan grave represión, pues tal vez caminan desorientados buscando a Dios y queriéndole hallar. Como viven entre sus obras, se esfuerzan por conocerlas, y se dejan seducir por lo que ven. ¡Tan bellas se presentan a los ojos! Pero, por otra parte, tampoco son éstos excusables; pues si llegaron a adquirir tanta ciencia que les capacitó para indagar el mundo, ¿cómo no llegaron primero a descubrir a su Señor?" (BJ Sabiduría 13:1-9)

Oficialmente el ángel de Paladín tenía una nueva tarea. El completarla la llevaría a otro nivel y sería reconocido como uno de los grandes mediadores entre Dios y los hombres. También ahora tendría otros ángeles a su servicio y bajo su dominio. Entre otras características después de cada tarea su brillantez se acrecentará, su belleza y poder va ir aumentando gradualmente con el cumplimiento cabal de cada una de ellas.

En alguna zona secreta de vasto universo celestial, el Creador del universo se reúne de nuevo con sus principales mensajeros, Miguel, Gabriel, Rafael y también con la bella genio, el ángel de Paladín. Con un gesto de premura les dice: «Es urgente trabajar en numerosas nuevas transformaciones humanas, activar la conciencia, aumentar la luz y producir más energía de alta frecuencia que propague la paz, el amor y la libertad en el planeta tierra y su sistema solar. »

"Y al instante yo estaba en el Espíritu; y he aquí, un trono establecido en el cielo, y en el trono, uno sentado. Y el aspecto del que estaba sentado era semejante a piedra de jaspe y de cornalina; y había alrededor del trono un arco iris, semejante en aspecto a la esmeralda." (Rev. Ap. 4:1-3)

Toda buena dádiva y todo don perfecto desciende de lo alto, del Padre de las luces, en el cual no hay mudanza, ni sombra de variación." (Santiago 1:17)

«Ellos tendrán que ser capaces de descubrir el acceso a la fuente de la luz, establecer contacto directo con las fuerzas celestiales y aprender a conectarse a la energía cósmica universal para obtener su carga diariamente.»

¿Cómo preparar a seres humanos con esos atributos?

El Creador les dijo: «hay que cultivar la paciencia, la perseverancia y la fe pues es un proceso muy largo. No hay en la tierra seres con estas características, simplemente no existen en la actualidad. Tenemos que catalizarlos. La primera etapa es de depuración al pasar por siete niveles de transformación.

Observen la gran paradoja del mundo y su complejidad actual. Todos los hombres están conectados a una nueva tecnología, la electrónica que los enlaza e informa globalmente. Esto ocupa toda la mente, el corazón, el espíritu de los humanos tomándoles todo su tiempo, su esfuerzo y atención. Observa cómo cada individuo que no conecta sus aparatos electrónicos cada día pierde su poder y no podrá funcionar. Están conectados a las energías terrenales pero han perdido el rumbo en sus vidas y no pueden conectarse a la energía suprema, el elixir de amor. Como resultado de esta civilización tecnológica los hombres están perdiendo contacto consigo mismos, sus semejantes y su creador. Esto trae como consecuencia la contaminación gradual y persistente de la madre naturaleza, incluyendo a mi más preciosa creación, el único que tiene acceso a la naturaleza divina, el Ser Humano.»

"Vi cuando el Cordero abrió uno de los sellos, y oí a uno de los cuatro seres vivientes decir como con voz de trueno: Ven y mira. Y miré, y he aquí un caballo blanco; y el que lo montaba tenía un arco; y le fue dada una corona, y salió venciendo, y para vencer." (Rev. Ap. 6:1)

«Nosotros somos más que vencedores en este proceso y así ayudar a mis elegidos a salir victoriosos. La conciencia tiene que ser activada para poder transcender y conectarse con las altas frecuencias que la transmiten. Entonces la ordenanza de la creación de la vida será restablecida. Será como una reacción en cadena y la luz aumentará progresivamente.»

«¿Cómo desarrollar a hombres con estas cualidades?»

«Tendrán que buscar diligentemente. El primer requisito será que nunca haya usado ninguna forma de control de la vida y nuevos nacimientos. Que nunca haya usado ninguna droga o artefacto humano para controlar, manipular la natalidad y nuevos nacimientos con su pareja sino más bien que tenga la plena confianza y fe que Dios es el creador absoluto de cada nueva creatura y que el proveerá. Segundo que en su propia salud no recurra a la medicina dominada por los sistemas de salud subyugados por los seguros médicos, un sistema mercantilista que impulsan a la drogadicción por medio de prescripciones y pastillas que destruyen el sistema inmunitario y debilitan totalmente las defensas naturales del cuerpo humano. Tercero tendrá que aprender a viajar al pasado, también a visualizar y viajar al futuro, así como también vivir plenamente el presente. El manejo y el entendimiento del tiempo son de vital importancia, pues en él está encerrado el misterio de la vida eterna.»

*"Yo soy el Alfa y la Omega, el principio y el fin. Al que tuviere sed, yo le daré gratuitamente **de la fuente del agua de la vida**." (Rev. Ap. 21:6)*

«Esta persona es un ser humano normal lleno de debilidades y desencantos que le servirán para descubrir que por medio de las adversidades, errores y caídas vendrán las más grandes revelaciones divinas. Al principio pasará por situaciones trágicas para que su conciencia sea despertada pues actualmente se está destruyendo a las aves de los cielos, los peces en el mar y todos los animales que habitan la tierra. La situación es crítica, mi gran creación está en proceso de decadencia, muerte y corrupción.

Por si fuera poco el hombre en la actualidad se está destruyendo así mismo, matando a sus semejantes, destruyendo a la familia por su egoísmo y aun suicidándose. Los hombres se están devaluando y devastando constantemente. Estamos en la búsqueda de un iconoclasta. No de un político que le dice a la gente lo que le gusta y lo que desea escuchar porque necesitan de la popularidad para ganar votos y cultivar la egolatría. Ni de un tipo muy religioso que se crea muy bueno y que por medio de las tradiciones está volviendo obsoleta la única fuente segura de la verdad, la Palabra de vida que sale de mi boca.

Buscamos a alguien que esté dispuesto a transformarse así mismo para así poder cambiar y exponer a este mundo corrupto.

Nadie quiere ser un iconoclasta porque este individuo tendrá que decirle a la gente lo que no quiere escuchar y lo que no quiere saber. No son muy populares. Esta persona no trae estas características por nacimiento, sino que se innovará con la ayuda de sus adversidades. Sus defectos serán el punto de partida para encontrar la sabiduría. Esta persona no puede estar interesado en la perfección, sino más bien debe estar dispuesto a tener un corazón quebrado y así creer en la magia de trascender mediante la creación de una nueva y potente mente, un cuerpo saludable y un espíritu puro. Que se resista a recibir las drogas creadas por un sistema mercantil corrupto que destruye la mente y el cuerpo humano y que se atreva a romper con las tradiciones que llevan a la idolatría.»

El Creador del universo le dice al Arcángel Rafael y a la bella genio, el Ángel: «Si lo que buscas es una descripción de su trabajo, entonces tendrán que encontrar un paladín que se niega a ser confinado por los falsos conceptos de la religiones, la política, las filosofías, las civilizaciones, la tecnología y todas las limitaciones impuestas por el hombre a lo largo de los siglos.»

"No así el que aplica su alma a meditar la ley del Altísimo. La sabiduría de todos los antiguos rebusca, a los profecías consagra sus ocios, conserva los relatos de varones célebres, en los repliegues de las parábolas penetra, busca los secretos de los proverbios y en los enigmas de las parábolas insiste. En medio de los grandes ejerce su servicio, ante los jefes aparece; viaja por tierras extranjeras, adquiere experiencia de lo bueno y lo malo entre los hombres. Aplica su corazón a ir bien de mañana donde el Señor su Hacedor; súplica ante el Altísimo, abre su boca en oración y por sus pecados suplica. Si el gran Señor lo quiere, del espíritu de inteligencia será lleno. El mismo derramará como lluvia las palabras de su sabiduría, y en la oración dará gracias al Señor. Enderezará su consejo y su ciencia y en sus misterios ocultos hará meditación. Mostrará la instrucción recibida, y en la ley de la alianza del Señor se gloriará. Muchos elogiarán su inteligencia, jamás será olvidada. No desaparecerá su recuerdo, su nombre vivirá de generación en generación. Su sabiduría comentarán las naciones, su elogio, lo publicará la asamblea. Mientras viva, su nombre

dejará atrás a mil, y cuando descanse, él le bastará. Aún voy a hablar después de meditar, que estoy colmado como la luna llena. Escuchadme, hijos piadosos, y creced como rosa que brota junto a corrientes de agua. Como incienso derramad buen olor, abríos en flor como el lirio, exhalad perfume, cantad un cantar, bendecid al Señor por todas sus obras. Engrandeced su nombre, dadle gracias por su alabanza, con los cantares de vuestros labios y con cítaras, decid así en acción de gracias: ¡Qué hermosas son todas las obras del Señor! todas sus órdenes se ejecutan a su hora. No hay por qué decir: ¿Qué es esto? Y esto ¿para qué?, que todo se ha de buscar a su tiempo. A su orden el agua se detiene en una masa, a la palabra de su boca se forman los depósitos de las aguas. A una orden suya se hace todo lo que desea, y no hay quien pueda estorbar su salvación. Las obras de toda carne están delante de él, y nada puede ocultarse a sus ojos. Su mirada abarca de eternidad a eternidad, y nada hay admirable para él. No hay por qué decir: ¿Qué es esto? Y esto ¿para qué?, pues todo ha sido creado con un fin. Su bendición se ha desbordado como un río, como un diluvio ha inundado la tierra. (BJ Eclesiástico 39: 1-22)

«Debe ser una persona que se opondrá firmemente a lo generalmente aceptado por las creencias y las tradiciones populares que limitan la fe y que ahora mismo están destruyendo a la humanidad y al planeta tierra.

Es necesario que esta persona aprenda a relacionarse con el mundo angélico que es la conexión directa con la conciencia cósmica, con la alta frecuencia del amor, la paz y la alegría en sí. Para lograr el primer ciclo de conciencia y madurez el ángel necesita trabajar y ayudar a Paladín a entender cómo superar la adversidad como una oportunidad de conseguir la más poderosa energía del universo. El elixir del amor.»

Oficialmente, el ángel, tiene una nueva y renovada misión. Hacer esta tarea la llevará al siguiente nivel, su disposición y entrega le convertirá en una de las más importantes intercesoras entre Dios y los hombres. También otros ángeles estarán bajo su dominio. Su brillo y luz aumentaran además de su belleza. Después de completar varias tareas, a continuación, se le concederá el tener poderes súper lumínicos, características únicas de luces de diferentes colores, vibraciones y sonidos de alta frecuencia que sanan y restauran la vida.

Además gozará de gran confianza para convertirse en un renovado mensajero que transmitirá decretos divinos, revelará la verdad y el porvenir de la humanidad con gran luz y claridad.

«Ahora necesitas ir en busca del Iconoclasta y de mis elegidos. A ellos le daré una muestra de mi poder, pues usaré sus manos para transmitir mi energía divina para sanar a los enfermos y expulsar a los demonios y Uds. mis arcángeles son mis mensajeros:

RA PHA-El sanará a los enfermos, GABRI-EL restaurará a la madre naturaleza y MI KA-EL y sus querubines restaurarán la atmósfera y expulsarán a los mensajeros de satanás. Mi poder se manifestará en mis escogidos como nunca antes y serán capaces de hacer prodigios y aun más. »

"Si alguno quiere dañarlos, sale fuego de la boca de ellos, y devora a sus enemigos; y si alguno quiere hacerles daño, debe morir él de la misma manera. Estos tienen poder para cerrar el cielo, a fin de que no llueva en los días de su profecía; y tienen poder sobre las aguas para convertirlas en sangre, y para herir la tierra con toda plaga, cuantas veces quieran." (Rev. Ap. 11:6)

"Después me mostró un río limpio de agua de vida, resplandeciente como cristal, que salía del trono de Dios y del Cordero. En medio de la calle de la ciudad, y a uno y otro lado del río, estaba el árbol de la vida, que produce doce frutos, dando cada mes su fruto; y las hojas del árbol eran para la sanidad de las naciones.

Y no habrá más maldición; y el trono de Dios y del Cordero estará en ella, y sus siervos le servirán, y verán su rostro, y su nombre estará en sus frentes.

No habrá allí más noche; y no tienen necesidad de luz de lámpara, ni de luz del sol, porque Dios el Señor los iluminará; y reinarán por los siglos de los siglos.

*Y me dijo: Estas palabras son fieles y verdaderas. Y el Señor, el Dios de los espíritus de los profetas, **ha enviado su ángel, para mostrar a sus siervos las cosas que deben suceder pronto.** "* (Rev. Ap. 22:1,5,6)

¿Qué consecuencias traerá el abuso de la madre naturaleza? ¿El deterioro de la atmósfera, el aire, de la hidrósfera, el agua y de la litósfera, la tierra? ¿Cuáles serán sus resultados?

¿Cuáles serán sus consecuencias? ¿Habrá más enfermedad, **virus**, pestes, paros mundiales, suicidios y muerte?

¿Acontecerán nuevos terremotos, maremotos, tornados, ciclones, erupciones volcánicas? ¿Qué cambios y transiciones nos esperan más adelante?

Paladín catalizado en el **Iconoclasta** te irá revelando progresivamente los misterios y secretos del universo que te llevarán a alturas sorprendentes y serás conectado con los poderes divinos.

Como mencioné en esta trilogía de libros, en los años por venir, la ciencia y la tecnología aumentarán exponencialmente a partir y después de la segunda década (2020) del siglo veintiuno vendrán grandes cambios, para más adelante, a partir en la tercera década la tecnología tomara control y penetrara en todos los rincones de la tierra.

¿Qué vendrá más adelante en avances de la salud humana *con la destrucción del sistema inmunológico humano y su microbiología con drogas que se mercantilizan y prescriben por conveniencias con la "Big Pharma"*? ¿Cómo la enfermedad será dominada a través de la luz, el sonido, los tonos y las frecuencias divinas que son tan poderosas que tienen el poder de la sanidad integral?

¿Cuál es la relación de la pérdida de valor del papel moneda, su próxima desaparición y la inminente posibilidad de la tercera guerra mundial? Los tres poderes que rigen y este planeta: La política, la religión y la economía; estos tres elementos que siempre han dominado y controlado a la humanidad tendrán una gran disputa una gran confrontación las grandes potencias. ¿Acaso vendrán guerras bacteriológicas, guerras económicas y aun militares. Estos acontecimientos guiarán a la instauración de un nuevo sistema global económico dominado por el engaño en nombre de la salud, la tecnología y el control de la mente por medio de chips instalados en el cuerpo humano?

¿Acaso conoces el futuro? ¿Te gustaría conocerlo?

Cuando observas a la inmensidad del océano y a lo ilimitado del cielo y sus estrellas, es fácil pensar que no somos nada.

No eres simplemente una gota en el océano, más ciertamente eres el océano en una gota. Deja de pensar tan confinadamente y sin dirección alguna.

Tu Eres la naturaleza misma.
Eres el Universo en Movimiento.
Eres energía divina.

E l
    I
       C
         O
           N
             O
               C
                 L
                   A
                     S
                       T
                         A

...............................Continuará.............................

BIBLIOGRAFÍA

Frankl, Viktor E. *La presencia ignorada de Dios*. Editorial: Herder, Barcelona, 1984.

Valles, Carlos G. *Dejar a Dios ser Dios*. Editorial: Sal Terrae, España, 1997

Scott Peck, M. *The road less travelled.* Editorial: Touch stone, New York, USA, 2003.

Batmanghelidj, F. *You're not sick, you're thirsty.* Editorial: Grand Central, USA, 2003.

Grun, Anselm. *El misterio del tiempo*. Editorial: Bonum Argentina, 2005.

Lima, Néstor. *Encuentro con su propósito*. Published: por Néstor Lima, USA, 2011.

Chopra, Deepak y Tanzi, Rudolph. *Super Brain*. Editorial: Harmony books, New York, 2012

CPSIA information can be obtained
at www.ICGtesting.com
Printed in the USA
LVHW041255280820
664156LV00006B/1184